ÉLÉMENTS USUELS

DES

SCIENCES PHYSIQUES ET NATURELLES

RÉDIGÉS CONFORMÉMENT AU PROGRAMME DU 27 JUILLET 1882

A l'usage du Cours Moyen
des écoles primaires de garçons et de filles

Par ÉMILE BOUANT

AGRÉGÉ DES SCIENCES PHYSIQUES, PROFESSEUR AU LYCÉE CHARLEMAGNE.

—

AVEC 203 GRAVURES.

—

DEUXIÈME ÉDITION

PARIS

IMPRIMERIE ET LIBRAIRIE CLASSIQUES

MAISON JULES DELALAIN ET FILS

DELALAIN FRÈRES, Successeurs

56, RUE DES ÉCOLES.

ÉLÉMENTS USUELS

DES

SCIENCES PHYSIQUES ET NATURELLES.

Autres ouvrages du même Auteur :

Minéraux, Animaux, Végétaux, premières notions des sciences
physiques et naturelles, rédigées, sous forme de *Leçons de Choses*,
conformément au programme du 22 janvier 1885, pour la *Classe
préparatoire* et la *Classe de Huitième* des lycées, par *M. E.
Bouant*; in-12, avec 221 *vignettes*,   *rel. toile*, 1 f. 50 c.

Leçons de Choses, récits et lectures sur les Solides, l'Eau, l'Air,
à l'usage de tous les enfants de 8 à 12 ans, par *M. E. Bouant* :
4e édition ; in-12, avec 105 *gravures dans le texte*, *cart*. 2 f.

Premiers Éléments des Sciences expérimentales, par *M. E. Bouant* :
2e édition ; in-12, avec 85 *gravures dans le texte*, *cart*. 1 f. 25 c.

Premières notions sur les Pierres et les Terrains, répondant au
programme prescrit pour la *Classe de Septième*, par *M. E. Bouant* :
2e édit.; in-12, avec 77 *gravures dans le texte*, *cart*. 1 f. 25 c.

Notions élémentaires de Physique et de Chimie, rédigées surtout
au point de vue expérimental, par *M. E. Bouant* : 3e édition;
in-12, avec 108 *gravures dans le texte*,   *cart*. 2 f.

Cours de Physique et Chimie, rédigé conformément aux programmes officiels prescrits par arrêté du 3 août 1881, pour
l'enseignement des sciences physiques dans les *Ecoles normales
primaires d'instituteurs*, par *M. E. Bouant* : 2e édition; 3 vol.
in-12 :

Cours de *Première Année*, 1 vol. in-12, *avec 165 gravures,
cart*. 2 f. 50 c.

Cours de *Deuxième Année*, 1 vol. in-12, *avec 285 gravures,
cart*. 4 f.

Cours de *Troisième Année*, 1 vol. in-12, *avec 254 gravures,
cart*. 4 f.

Cours de Physique et Chimie, rédigé conformément aux programmes
officiels prescrits par l'arrêté du 3 août 1881, pour l'enseignement
des sciences physiques dans les *Ecoles normales primaires d'ins-
titutrices*, par *M. E. Bouant* : 2e édition; 2 vol. in-12 :

Cours de *Deuxième Année*, avec 190 *gravures*, *cart*. 3 f. 50 c.

Cours de *Troisième Année*, avec 317 *gravures*, *cart*. 4 f.

Cours de Chimie, à l'usage des élèves de la Classe de Mathématiques spéciales, par *M. E. Bouant*; 1 fort vol. grand in-8°,
orné de 224 *vignettes*,   *br*. 8 f.

Aide-Mémoire de Chimie, à l'usage des élèves de la *Classe de Mathématiques spéciales*, par *M. E. Bouant*; 1 vol. gr. in-18,
br. 2 f.; — *rel. toile*, 2 f. 60 c.

ÉLÉMENTS USUELS

DES

SCIENCES PHYSIQUES ET NATURELLES

RÉDIGÉS CONFORMÉMENT AU PROGRAMME DU 27 JUILLET 1882

A l'usage du Cours Moyen
des écoles primaires de garçons et de filles

Par Émile BOUANT

AGRÉGÉ DES SCIENCES PHYSIQUES, PROFESSEUR AU LYCÉE CHARLEMAGNE.

—

AVEC 203 GRAVURES.

—

DEUXIÈME ÉDITION

PARIS
IMPRIMERIE ET LIBRAIRIE CLASSIQUES
MAISON JULES DELALAIN ET FILS
DELALAIN FRÈRES, Successeurs
56, RUE DES ÉCOLES.

PROGRAMME

de l'Enseignement des sciences physiques et naturelles dans le

COURS MOYEN

DES ÉCOLES PRIMAIRES DE GARÇONS ET DE FILLES

(Enfants de 9 à 11 ans.)

***

Notions très élémentaires de sciences naturelles.

L'HOMME.

LES ANIMAUX.

LES VÉGÉTAUX.

***

Toute contrefaçon sera poursuivie conformément aux lois; tous les exemplaires sont revêtus de notre griffe.

Tous droits de traduction et de reproduction réservés.

1886.

L'HOMME.

Chaque partie du corps de l'homme a son utilité. — Le corps de tout être vivant, et particulièrement le corps de l'homme, est un ensemble très complexe d'un grand nombre de parties, ayant chacune son utilité, et désignées sous le nom général d'*organes*.

Les *jambes* et les *pieds* supportent le poids du corps et lui permettent de se transporter d'un endroit à un autre; avec les *bras* et les *mains*, nous touchons les objets, nous les saisissons, nous les soulevons; les *yeux* nous permettent de voir, les *oreilles* d'entendre; le *nez* nous renseigne sur les odeurs; la *langue* nous indique quel goût ont les aliments. La *peau*, dont nous sommes entièrement recouverts, sert d'enveloppe protectrice aux parties intérieures.

Au dedans de nous sont des organes plus nombreux et plus indispensables encore à la vie. Les *os*, semblables à une charpente solidement établie, soutiennent les parties molles du corps; les *muscles*, qu'on désigne vulgairement sous le nom de chair ou de viande, déterminent nos mouvements; l'*estomac*, les *intestins*, les *poumons*, le *cœur*, les *artères*, les *veines*, concourent à la formation du *sang* et le portent partout où il doit remplir son rôle nourricier; le *cerveau* et les *nerfs*, enfin, donnent à chaque partie la faculté de se mouvoir, de se nourrir, de ressentir la douleur.

L'étude du corps humain est indispensable. — Je veux vous dire quelques mots sur les plus importants de ces organes et vous montrer comment ils agissent. On ne doit pas pouvoir dire de vous que vous mangez, respirez, marchez, sans savoir ni pourquoi ni comment.

Dans cette étude très élémentaire, nous parlerons d'abord des organes dont le fonctionnement est absolument indispensable à l'entretien de la vie, c'est-à-dire de la *digestion*, de la *circulation du sang* et de la *respiration*.

Nous passerons ensuite à l'étude des organes moins essentiels, sans lesquels, au moins en partie, on conçoit que nous puissions encore vivre, c'est-à-dire des *os*, des *organes des cinq sens*, de *l'organe de la voix*.

Nous n'aurons garde d'oublier, non plus, le *cerveau* et *les nerfs*, dont l'action détermine le fonctionnement de toute la machine humaine.

Mais nous laisserons de côté l'examen des facultés intellectuelles et morales, dont on vous parlera ailleurs.

⁂

I. — LA DIGESTION.

Nous ne pouvons pas vivre sans manger. — La chaleur développée par la combustion du charbon donne à la machine à vapeur la force de fonctionner et de produire du travail. Lorsqu'on cesse d'alimenter le foyer, la machine s'arrête, toute sa puissance disparaît.

De même la machine animale, c'est-à-dire le corps de l'homme et celui des animaux, emprunte aux *aliments* la force de *vivre* et d'*agir*. Privée d'aliments, la machine animale s'arrête et meurt, comme s'arrête la machine à vapeur privée de charbon.

Les aliments font plus encore : non seulement ils font

marcher la machine, mais encore ils l'entretiennent en bon état, ils la réparent au fur et à mesure qu'elle se détériore par l'usage. Malheureusement la maladie et la vieillesse viennent bientôt nous montrer que l'entretien ne peut toujours durer.

Les deux sensations de la *faim* et de la *soif* nous rappellent chaque jour le besoin impérieux que nous avons des aliments et des boissons. Si on ne peut les satisfaire, on ne tarde pas à succomber : quelques jours suffisent pour faire mourir de faim et de soif l'homme le plus robuste.

Les aliments sont rendus liquides par la digestion, puis absorbés et transformés en sang. — On nomme *aliments* des substances capables de nourrir le corps, c'est-à-dire de concourir à la formation du *sang*, ce liquide nourricier dont nous parlerons bientôt.

Lorsque les aliments ont été introduits dans la bouche, ils sont d'abord coupés et broyés par les *dents*, puis ils tombent dans l'*estomac*. Là, ils sont en partie *digérés*, c'est-à-dire liquéfiés par l'action d'un liquide particulier, le *suc gastrique*, qui suinte des parois de l'estomac. Après un séjour de deux ou trois heures dans cet organe, les aliments, déjà transformés en une bouillie peu épaisse, passent dans les *intestins*; là, ils continuent à se liquéfier. Au fur et à mesure de leur liquéfaction, ils s'infiltrent à travers les parois des intestins, et pénètrent dans les *veines intestinales;* à partir de ce moment, ils

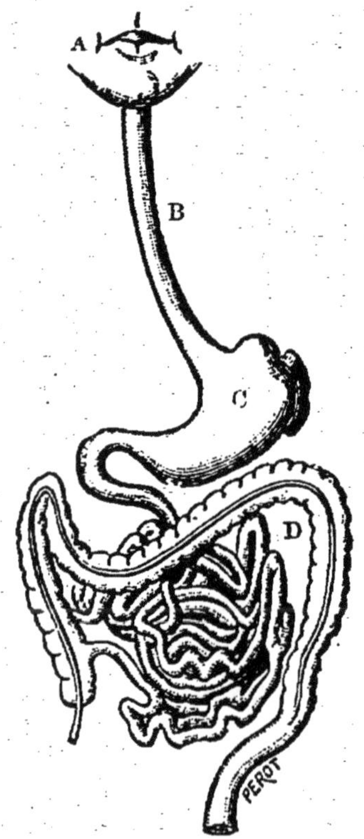

Appareil digestif de l'homme.
A, La bouche, dans laquelle se trouvent les dents. — B, Œsophage. — C, Estomac. — D, Intestins.

constituent le sang, qui circule dans tout le corps pour le nourrir.

Les portions des aliments qui n'ont pu être liquéfiées, c'est-à-dire les portions qui ne sont pas digestibles, sont les seules qui ne soient point absorbées. Elles continuent leur route à travers les intestins, jusqu'à ce que, arrivées à l'extrémité inférieure du *canal digestif*, elles soient rejetées à l'extérieur, sous la forme d'*excréments*.

Disons quelques mots des différentes parties de l'appareil de la digestion.

Les dents servent à la mastication des aliments. — Il faut que les aliments, introduits en morceaux dans la bouche, soient réduits en pâte avant de se rendre dans l'estomac. Les dents se chargent de cette opération, qu'on nomme *mastication*.

Elles sont aidées par l'action de la *salive*, liquide qui se mélange aux aliments soumis à la mastication, de manière à former avec eux une pâte molle, facile à avaler, et facile aussi à digérer.

Les dents, absentes au moment de la naissance, sont au nombre de vingt à l'âge de deux ans. A sept ans, ces premières dents, dites *dents de lait*, tombent et sont remplacées par d'autres plus fortes, au nombre de vingt-huit. Vers vingt ans poussent les quatre *dents de sagesse*. L'homme fait a donc trente-deux dents, dont seize à la *mâchoire inférieure* et seize à la *mâchoire supérieure*.

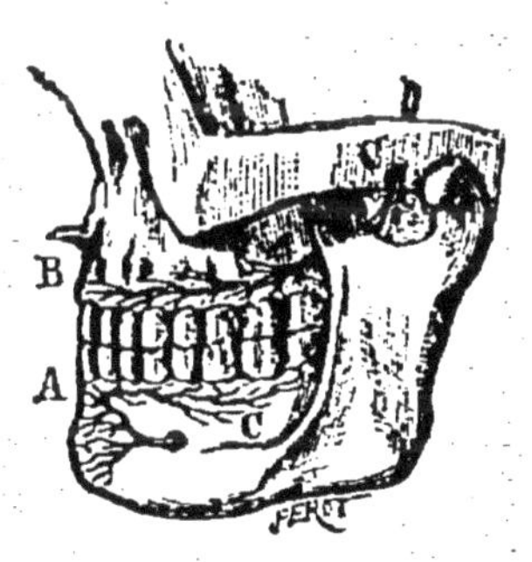

Les deux mâchoires de l'homme.

A, Mâchoire inférieure. — B, Mâchoire supérieure. — C, Artères qui amènent dans les dents le sang destiné à les nourrir.

Les huit dents de devant, ou *incisives*, sont tranchantes, elles *coupent* les aliments. A droite et à gauche des incisives sont les *canines*, au nombre de quatre, une de chaque côté, en haut et en bas; les canines sont pointues et *déchirent* les aliments. Enfin, au fond de la bouche, *vingt molaires*, presque plates, broient les aliments et les

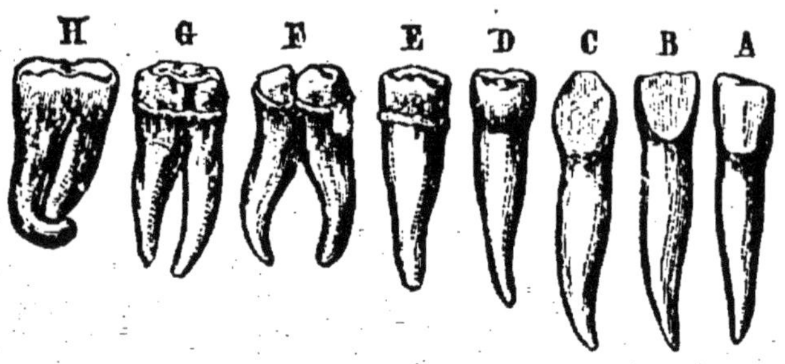

Les huit dents de droite de la mâchoire supérieure de l'homme.
A, B, Incisives. — C, Canine. — D, E, F, G, H, Molaires.

mélangent avec la *salive*, qui s'introduit dans la bouche par plusieurs petits conduits ; deux de ces conduits, placés sous la langue, sont faciles à voir.

Dent molaire de l'homme un peu grossie.

A, Racine implantée dans l'os de la mâchoire et recouverte par la gencive. — B, Couronne.

Chaque dent est formée d'une *racine*, implantée dans l'os de la mâchoire et maintenue par les *gencives*, et d'une *couronne*, ou partie visible.

Le nombre et la forme des dents varient, comme nous le verrons, d'une espèce animale à l'autre, suivant la nourriture consommée par cette espèce.

Les dents doivent toujours être tenues dans un grand état de propreté, sous peine de se *carier*, de devenir douloureuses et de répandre une odeur désagréable. Il faut se rincer la bouche régulièrement tous les matins, et se frictionner les dents avec une petite brosse ou un linge mouillé.

Dans l'estomac commence la digestion des aliments. — Au fond de la bouche s'ouvre un large conduit, l'*œsophage*, qui permet aux aliments, broyés et mélangés à la salive, de descendre dans l'*estomac*.

L'estomac est une grande poche de forme allongée,

située à la partie moyenne du tronc, entre la poitrine et le ventre. Ses parois sont musculaires, c'est-à-dire susceptibles de se contracter. A peine cet organe commence-t-il à s'emplir, par suite de l'arrivée des aliments, que les contractions commencent ; en même temps, les parois intérieures laissent suinter, par mille petits canaux, un liquide incolore, le *suc gastrique*, capable de dissoudre, de liquéfier la viande, comme l'eau dissout, liquéfie le sucre.

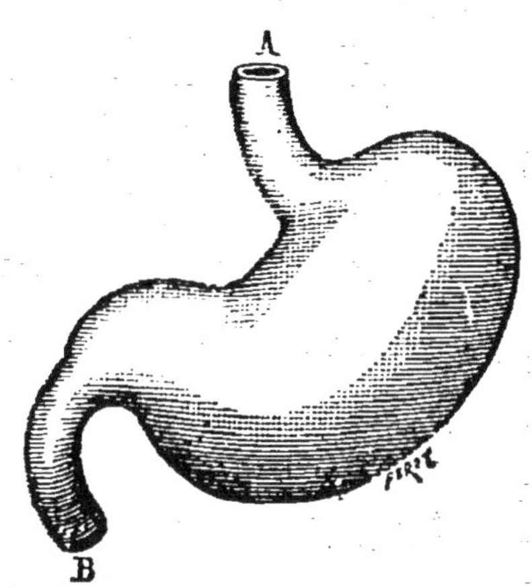

L'estomac de l'homme.
A, Entrée de l'estomac, ou partie inférieure de l'œsophage. — B, Sortie de l'estomac, ou commencement de l'intestin. — La paroi intérieure de l'estomac laisse suinter le suc gastrique.

Les contractions de l'estomac produisent une agitation continuelle des aliments, et les mélangent au suc gastrique, qui se trouve, par suite, dans d'excellentes conditions pour opérer leur liquéfaction ; cette liquéfaction porte le nom de *digestion*.

En général, la digestion se fait régulièrement, sans souffrance ; quelquefois elle est accompagnée de douleurs à l'estomac et d'un malaise général. Il arrive même que les contractions de l'estomac rejettent violemment à l'extérieur les aliments à moitié digérés : on a alors ce qu'on nomme une *indigestion*.

Les personnes bien portantes, qui ne mangent qu'avec modération, n'ont presque jamais d'indigestion. La *sobriété* est donc nécessaire à l'entretien de la santé. La digestion sera plus facile encore si l'on peut faire, après le repas, une promenade en plein air, si l'on évite de se livrer, immédiatement en sortant de table, au travail intellectuel ou à un exercice trop violent.

Les enfants ont bien rarement des indigestions, quand ils ne s'adonnent pas à la *gourmandise*.

Dans les intestins se termine la digestion et se produit l'absorption. — Après un séjour plus ou moins prolongé dans l'estomac, les aliments sont réduits en une bouillie claire, qui pénètre dans les *intestins*. La *digestion stomacale* est alors terminée; sa durée varie d'une personne à une autre; elle n'est pas la même pour tous les aliments. Elle se prolonge parfois pendant plusieurs heures.

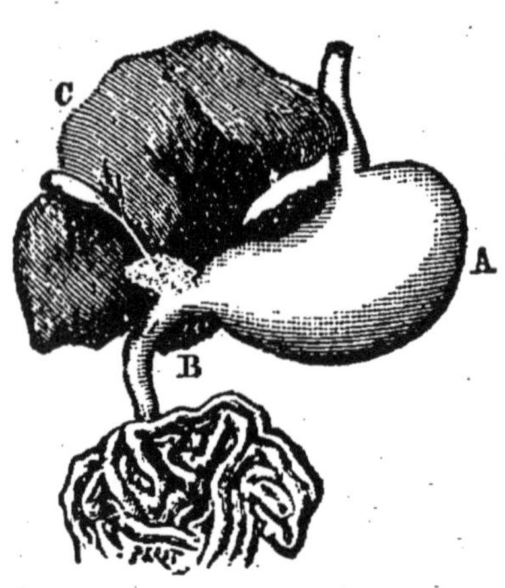

Portion de l'intestin de l'homme.

A, Estomac. — B, Pancréas, versant dans l'intestin le suc pancréatique. Il est derrière l'estomac et presque entièrement caché sur la figure. — C, Foie, avec la vésicule du fiel, qui verse la bile dans l'intestin.

A la suite de l'estomac viennent les *intestins*. Ils sont constitués par un boyau, dont la longueur, toujours considérable, varie suivant les espèces animales. Les animaux herbivores, c'est-à-dire qui se nourrissent d'herbe, tels que le mouton et le lapin, ont des intestins dont la longueur dépasse vingt fois la longueur du corps. La longueur des intestins de l'homme est à peu près de douze mètres. Chez les animaux carnivores, c'est-à-dire qui s'alimentent de viande, les intestins sont relativement courts.

Ils remplissent à eux seuls toute la partie du corps qu'on nomme le ventre.

Les aliments, arrivés dans les intestins, reçoivent divers *sucs* analogues au suc gastrique. Ce sont : le *suc pancréatique*, fourni par une *glande* voisine de l'estomac; la *bile*, venant du *foie*; le *suc*

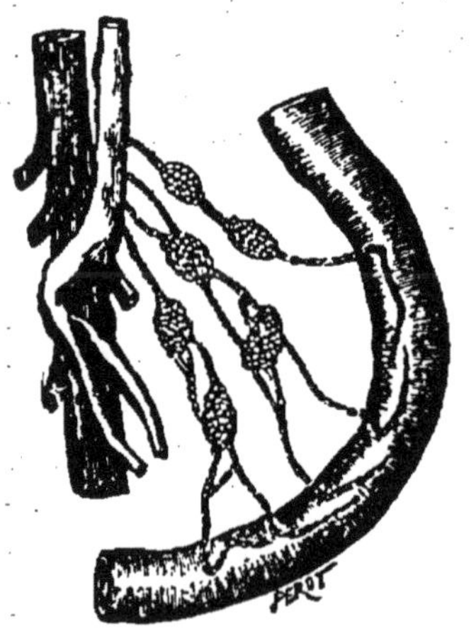

Portion de l'intestin montrant les canaux qui pompent le liquide provenant de la digestion.

intestinal, qui suinte à la surface des parois intérieures de l'intestin. Ces divers sucs agissent à la manière du suc gastrique; ils achèvent la liquéfaction commencée dans l'estomac, et la rendent complète.

Mais le liquide ainsi formé ne reste pas longtemps dans le canal digestif. A mesure que leur liquéfaction s'achève, les aliments passent à travers les parois des intestins et se répandent dans les *veines intestinales*, où ils se mélangent avec le sang.

Cette dernière phase de la digestion, ce passage des aliments liquéfiés à travers les parois des intestins, se nomme *absorption*. Les aliments, après leur absorption, font partie du sang; ils constituent le sang. Nous avons donc eu raison de dire, en débutant, que *la digestion a pour but de transformer les aliments en sang.*

Observations. — 1° En ouvrant avec précaution un lapin récemment tué, et coupant les uns après les autres les replis qui retiennent les intestins, on arrivera à dérouler dans toute sa longueur le *canal digestif*, depuis la *bouche* jusqu'à l'*anus*. On en montrera les différentes parties.

2° Un poulet peut aussi servir à cette observation; mais on y trouvera deux estomacs au lieu d'un : le *jabot* et le *gésier*.

II. — LA CIRCULATION DU SANG.

C'est le sang qui nourrit réellement le corps. — Par la *digestion* et l'*absorption*, les aliments sont transformés en sang.

Le *sang*, ce liquide rouge que vous connaissez bien, nourrit réellement le corps; toutes les substances qui se trouvent dans le corps, qui sont par conséquent nécessaires à son entretien et à son accroissement, se rencontrent aussi dans le sang. Jugez, d'après cela, combien la composition du sang doit être complexe.

Les os, les dents, les cheveux, les ongles, la chair, la graisse, la peau, la salive, l'urine..., sont fabriqués par le sang.

Le sang circule dans toutes les parties du corps. — Pour nourrir les bras, les jambes, la tête..., le sang doit se rendre dans tous ces organes. Ce liquide, en effet, n'est jamais immobile. Il coule toujours dans deux sortes de canaux, les *artères* et les *veines*, et partout il porte la substance nourricière : en quelque endroit que vous vous fassiez une piqûre, il en sort du sang.

Le corps d'un homme de moyenne taille renferme à peu près 5 kilogrammes de sang. Ce poids relativement faible suffit à tout : c'est que le liquide, constamment consommé pour l'accroissement ou l'entretien du corps, est constamment reformé par la digestion.

Les contractions du cœur déterminent la circulation du sang. — Tous nos mouvements intérieurs et extérieurs ont leur origine dans la contraction d'un muscle : le

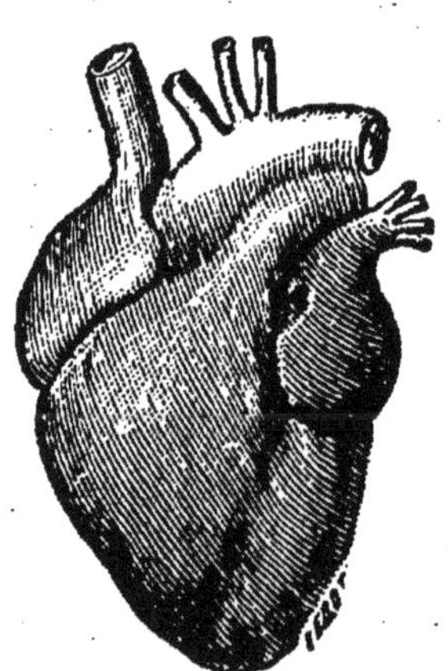

Le cœur de l'homme.

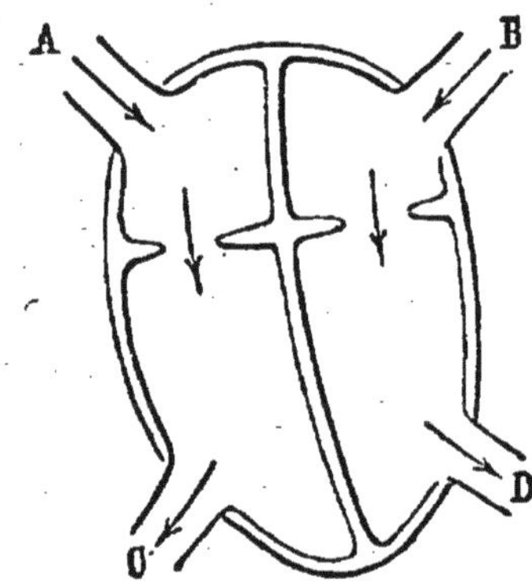

Représentation simplifiée du cœur de l'homme, destinée à faire comprendre sa division intérieure en oreillettes et ventricules.

A, Veine qui amène dans l'oreillette droite le sang qui revient des organes et le sang formé par la digestion. — C, Artère qui conduit le sang du ventricule droit dans les poumons. — B, Veine qui ramène le sang des poumons à l'oreillette gauche. — D, Artère qui conduit le sang du ventricule gauche dans les divers organes. Ce sang reviendra ensuite au cœur par la veine A.

mouvement de *circulation du sang* n'échappe pas à cette règle. Le muscle dont les contractions mettent le sang en mouvement est le *cœur*.

Ce muscle, à peu près gros comme le poing, a la forme d'une poire renversée : il est situé presque exactement au milieu de la poitrine, et c'est à tort que bien des gens le croient placé tout à fait du côté gauche.

Voici, devant vos yeux, un cœur de bœuf ; fendons-le du haut en bas, comme nous ferions d'une poire. Vous voyez qu'il présente, à l'intérieur, quatre cavités : deux en haut, nommées *oreillettes*, deux en bas, nommées *ventricules*. Chaque oreillette communique, par une petite ouverture, avec le ventricule qui est situé au-dessous ; mais il n'existe aucune communication entre la partie droite et la partie gauche.

De chacune des cavités partent les canaux, artères ou veines, dans lesquels doit se faire la circulation.

Les artères conduisent le sang du cœur vers les organes. — Examinez d'abord ce canal, plus gros que les autres, blanc, dur et élastique, qui part du *ventricule gauche*. C'est l'*artère* principale, qui a pour fonction de distribuer le sang dans tous les organes ; elle s'élève d'abord un peu au-dessus du cœur, puis se recourbe en forme de crosse et descend verticalement. Elle se ramifie en un nombre très considérable d'artères plus petites, qui conduisent le sang dans les différentes parties de la tête, des bras, du tronc et des jambes....

Les dernières ramifications artérielles, situées dans les muscles, dans la peau, dans les os..., sont si ténues, qu'on ne peut les voir, si nombreuses, qu'on ne peut se piquer avec une aiguille en un endroit quelconque du corps sans en percer quelques-unes.

Les veines ramènent le sang vers le cœur. — Le sang qui arrive du cœur dans les organes ne peut s'y accumuler indéfiniment : il revient au cœur pour en repartir de nouveau.

Les canaux qui le ramènent ont reçu le nom de *veines*. Le liquide passe des dernières ramifications des artères dans les ramifications tout aussi nombreuses des veines. Ces ramifications se réunissent entre elles pour former des veines de plus en plus grosses; enfin deux veines très importantes, vers lesquelles aboutissent toutes les autres, versent leur contenu dans l'*oreillette droite*.

Vous avez bien saisi l'une des différences essentielles des artères et des veines : *les artères conduisent le sang vers les organes, les veines ramènent le sang vers le cœur.*

Relevez la manche de votre chemise et serrez-vous fortement le bras gauche avec la main droite. Ne voyez-vous pas de petites lignes bleues apparaître, puis se gonfler La pression que vous

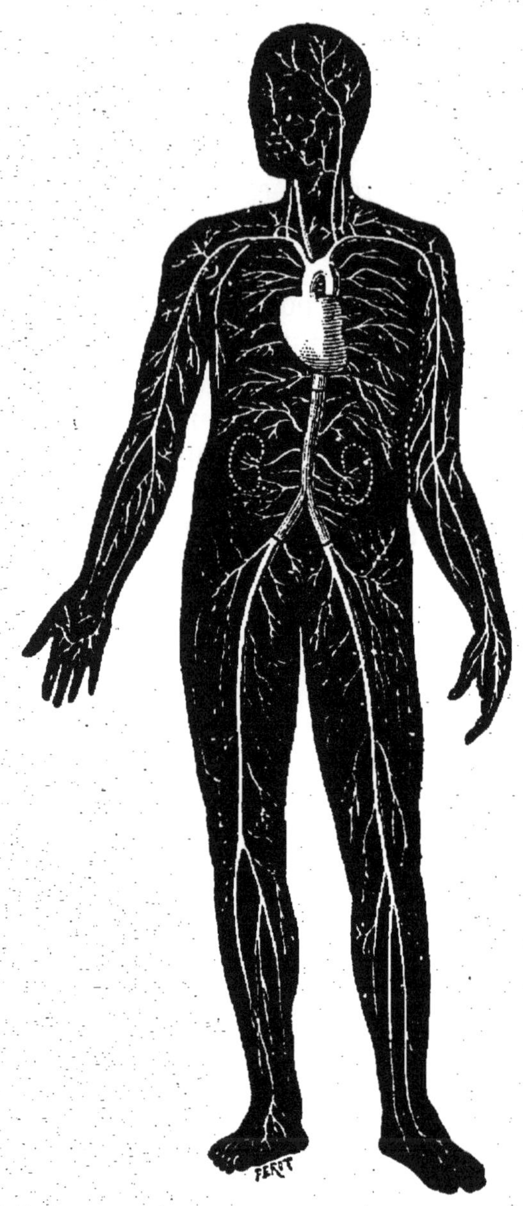

L'artère principale et ses ramifications les plus importantes, conduisant le sang dans tous les organes. Le système des veines, qui ramènent le sang des organes au cœur, a la même disposition générale.

sous la peau? Ce sont des veines. exercez sur le bras empêche le sang de continuer sa route : voilà pourquoi les veines se gonflent.

Si ces vaisseaux étaient des artères, ils se gonfleraient au-dessus de l'endroit pressé, et non pas au-dessous, puisque, dans les artères, le sang s'éloigne du cœur.

Les grosses artères sont généralement cachées profondément, aussi loin que possible de la surface du corps; voilà pourquoi vous ne pouvez les voir, tandis que vous voyez si bien les veines.

Les contractions du cœur chassent le sang dans les artères. — Revenons aux contractions du cœur; elles se produisent constamment.

Le ventricule gauche, plein de sang, se contracte : c'est-à-dire qu'il diminue de capacité. Le liquide qu'il renferme est alors violemment poussé dans l'artère principale et se répand dans tous les organes, pour les nourrir, et revenir bientôt, par les veines, dans l'oreillette droite. Celle-ci se contracte à son tour, repousse le sang dans le ventricule droit; le ventricule droit le chasse aussitôt dans une artère dont nous n'avons encore rien dit, et qui le conduit dans les poumons. Des poumons le sang revient, par des veines, dans l'oreillette gauche, d'où il passe dans le ventricule gauche. Revenu ainsi à son point de départ, il repart dans une circulation nouvelle, identique à la première.

Le cœur a de 65 à 90 contractions par minute, suivant l'âge et le tempérament de chaque personne. Un homme bien portant compte à peu près 70 contractions, un enfant à peu près 80. On sent ces contractions, on les entend parfaitement en plaçant au milieu de la poitrine la main ou l'oreille.

Les battements du cœur augmentent de force et de rapidité quand on prend beaucoup d'exercice : la circulation devient alors plus rapide.

Les artères répètent les contractions du cœur en vertu de leur élasticité. Partout où une artère est assez près de la peau pour qu'on puisse la sentir à la main, il est facile de compter les *pulsations*. Aux chevilles, aux poignets, aux tempes, on sent les battements du *pouls*. L'origine du pouls est donc la contraction du cœur, transmise à travers une artère.

La circulation du sang est double. — Il résulte de ce que nous venons de dire que la circulation du sang est double.

Le sang, parti du ventricule gauche, va dans les organes, y abandonne une partie de sa substance pour les nourrir, puis revient à l'oreillette droite. C'est la première circulation.

Ensuite le liquide passe de l'oreillette droite dans le ventricule droit, va dans les poumons et revient à l'oreillette gauche. C'est la seconde circulation, dont nous indiquerons bientôt le but.

Observations. — 1° En ouvrant devant les élèves un lapin ou un poulet récemment tué, on leur montrera le cœur situé entre les poumons, puis les principales artères et les principales veines. Si le lapin était tué *au moment même* de la leçon et immédiatement ouvert, on verrait encore les battements de son cœur.

2° Une grenouille, tuée devant les élèves, puis ouverte, montre encore, pendant plus d'un quart d'heure, les contractions du cœur. On peut arracher cet organe et le placer sur une feuille de papier sans qu'il cesse de battre.

III. — L'AIR ET LA COMBUSTION [1].

L'air est nécessaire à la respiration. — Nous avons parlé de l'air dans quelques-unes des leçons du *Cours élémen-*

---

[1] 1. Ce chapitre correspond à la dernière partie du *Cours moyen :* « *Les trois états des corps. Notions sur l'air et sur l'eau, et sur la combustion : petites démonstrations expérimentales.* » On le complétera en revenant sur les leçons VII, VIII, XX, XXI, XXII, XXIII, XXIV, XXV, du *Cours élémentaire.* Ces matières seront aussi le sujet de quelques développements supplémentaires dans les notions de physique et de chimie du *Cours supérieur.*

laire. Nous avons montré, par des expériences simples, que l'air est nécessaire à la combustion et nécessaire aussi à la respiration.

Nous devons, avant d'aborder l'étude de la respiration chez l'homme, revenir sur ces notions relatives à l'air et les compléter. Autrement il nous serait impossible de comprendre les leçons qui vont suivre.

Combustion du phosphore dans l'air. — Vous connaissez, au moins de vue, un corps qu'on nomme le phosphore. C'est celui qui est collé à l'extrémité des allumettes, coloré par du vermillon ou du bleu de Prusse. Il suffit de le frotter un peu vivement contre un mur pour qu'il s'enflamme.

Prenons un petit morceau de phosphore, mettons-y le feu et regardons-le brûler. Une flamme éclatante se produit, pendant qu'une épaisse fumée blanche s'élève dans l'air. Bientôt tout le phosphore a disparu : on dit qu'il a fini de brûler.

Qu'est devenu le morceau de phosphore? Nous ne le voyons plus, mais a-t-il été réellement anéanti? Ne serait-il pas possible de le retrouver quelque part?

Le phosphore n'a pas été anéanti, il a seulement changé de place, *il est parti en fumée*. Cette fumée blanche, que vous avez vue s'élever au-dessus de la flamme, contenait tout le phosphore. Elle pèse plus que le morceau de phosphore brûlé : non seulement elle contient tout le phosphore, mais elle contient encore autre chose. Cette autre chose, c'est une partie de l'air.

Quand nous disons : *le phosphore brûle*, cela veut dire : *le phosphore s'unit à une partie de l'air, en produisant beaucoup de lumière et beaucoup de chaleur*. Le résultat de cette union, c'est la fumée que vous avez remarquée pendant la *combustion*.

Vous voyez bien que le phosphore n'a pas été détruit. Après la combustion il existe encore, mais il a changé d'aspect; il est devenu invisible, parce que la fumée blanche qui le renferme s'est répandue dans l'air, où elle s'est dissipée, sans cesser d'exister, comme aurait fait une goutte de vin jetée dans l'eau de la mer.

L'air est formé d'oxygène et d'azote. — Vous saviez depuis longtemps, avant qu'on vous eût appris ce qui précède, qu'un corps ne peut brûler sans le secours de l'air. Faisons une expérience qui va nous montrer bien exactement le rôle de l'air dans la combustion.

Voici une cuvette pleine d'eau ; un gros bouchon de liège flotte à la surface du liquide. Sur ce bouchon posons un petit morceau d'ardoise, et, par dessus, un fragment de phosphore. Enflammons ce phosphore avec une allumette et recouvrons le tout d'une grande cloche de verre, dont les bords s'enfoncent un peu dans l'eau. Nous avons ainsi enfermé, au-dessus du phosphore qui brûle, un certain volume d'air, quelques litres. Au début, la combustion continue comme si elle avait lieu à l'air libre. La fumée blanche se produit encore et remplit la cloche. Mais bientôt la flamme s'éteint, la fumée, qui se dissout dans l'eau, comme ferait du sucre, disparaît ; et nous pouvons voir que le phosphore n'a pas été entièrement consumé : il en reste encore dans la soucoupe une partie qui n'a pas été brûlée.

Combustion du phosphore sous une cloche.

Pourtant il y a encore de l'air sous la cloche, puisque l'eau n'est pas montée jusqu'à sa partie supérieure. Mais il faut bien croire que l'air qui reste n'est pas semblable à l'air ordinaire, puisque le phosphore ne peut plus y brûler. Cette partie de l'air qui éteint le phosphore est un gaz invisible et inodore comme l'air ordinaire : on le nomme l'*azote*.

Dans l'azote, aucun corps ne peut brûler : un charbon, un morceau d'amadou, une bougie, introduits tout allumés sous la cloche, s'y éteindraient immédiatement. Dans l'azote, aucun animal ne peut vivre : un rat, un oiseau, placés dans ce gaz, sentent de suite la respiration leur manquer, et meurent bientôt asphyxiés. Et cependant l'azote n'est pas un gaz dangereux, ce n'est pas un poison ; mais il ne renferme pas ce qui est nécessaire à l'entretien de la vie des êtres animés.

Il y a beaucoup d'azote dans l'air. Regardez la cloche sous laquelle a brûlé le phosphore : elle était pleine d'air au début de l'expérience ; elle en contenait, par exemple, cinq litres. Maintenant vous voyez que l'eau s'est élevée jusqu'à une certaine hauteur ; il n'y a plus que quatre litres de gaz dans la cloche, quatre litres d'azote. *Cinq litres d'air renferment quatre litres d'azote.*

Qu'est devenu le litre de gaz qui a disparu pendant la combustion du phosphore ? Nous avons dit, il y a un moment, que *le phosphore qui brûle s'unit à une partie de l'air.* C'est justement la partie de l'air qui s'est unie au phosphore qui a disparu : on la nomme *oxygène.*

L'oxygène est un gaz invisible et inodore, comme l'azote. On a pu le prendre dans l'air, le séparer de l'azote avec lequel il se trouve mélangé, et en remplir de pleines cloches. Dans cet oxygène pur, le phosphore, le charbon, la bougie brûlent avec un éclat que l'œil a peine à supporter ; les animaux qui y sont plongés indiquent, par leurs mouvements, une surexcitation extraordinaire. L'oxygène est l'élément indispensable à la combustion et à la respiration.

Dans l'air il y a moins d'oxygène que d'azote. *Cinq litres d'air, qui renferment quatre litres d'azote, renferment seulement un litre d'oxygène.*

Explication de la combustion du phosphore dans l'oxygène et dans l'air. — Supposons qu'on introduise un morceau de phosphore enflammé sous une cloche renfermant de *l'oxygène pur.* La flamme deviendra extrêmement vive ; la fumée blanche se produira en grande abondance et se dissoudra dans l'eau au fur et à mesure de sa formation ; en même temps l'eau montera dans la cloche, indiquant ainsi la diminution progressive de la quantité d'oxygène. Au bout de quelque temps la cloche sera entièrement pleine d'eau, le gaz aura complètement disparu, et le phosphore s'éteindra. Expliquons ce qui s'est produit.

Le phosphore s'est uni à l'oxygène; l'union, ou, comme on dit, la *combinaison* des deux corps a été accompagnée d'un grand dégagement de lumière et de chaleur; de cette union est résultée la fumée blanche que nous avons vue se dissoudre dans l'eau. Cette fumée contient donc le phosphore et l'oxygène : c'est une *combinaison* de phosphore et d'oxygène qui porte le nom d'*acide phosphorique*; son poids est égal au poids du phosphore et au poids de l'oxygène qui se sont unis pour la former.

L'air renferme de l'oxygène, le phosphore devra donc y brûler en produisant de l'acide phosphorique. Seulement, comme l'oxygène est, dans l'air, mélangé à beaucoup d'azote, la combustion y sera moins vive, la flamme moins éclatante. L'azote agit sur l'oxygène comme l'eau agit sur le vin; il tempère son action. Si l'air était formé d'oxygène pur, les combustions ne pourraient pas y être modérées : tout ce qui est combustible à la surface de la terre serait bientôt embrasé !

Combustion du soufre. — Reprenez une de ces allumettes à l'extrémité desquelles je vous ai montré du phosphore. Vous y remarquerez, sur une longueur d'un centimètre, une légère couche d'un corps d'un beau jaune clair : c'est du *soufre*. Le soufre est susceptible de brûler, comme le phosphore : il est combustible.

Quand on l'enflamme, il produit une flamme peu éclatante, mais d'une belle couleur bleue. Vous avez déjà compris que, dans cette combustion, le soufre se combine à l'oxygène de l'air. Mais quel est le résultat de l'union des deux corps, de la combinaison ? Nous ne voyons ici aucune fumée; il semble, quand le soufre a fini de brûler, qu'il ait été complètement anéanti.

Il n'en est rien. Mettez un peu le nez au-dessus de cette jolie flamme bleue. Vous reculez aussitôt, les larmes aux yeux, saisi par une odeur suffocante; vous l'avez souvent sentie, l'odeur du soufre qui brûle. Cette odeur nous révèle l'existence d'un corps invisible, qui n'est ni le soufre ni l'oxygène : c'est l'*acide sulfureux*, combinaison de soufre et d'oxygène, qui se forme quand le soufre brûle. Cette combinaison, nous ne la voyons pas, car l'acide sulfureux est un gaz invisible comme l'air , mais nous la sentons ; vous en savez quelque chose.

Combustion du gaz d'éclairage et formation de l'eau. — Le gaz d'éclairage est un gaz combustible. Quand on le destine à éclairer nos rues ou nos demeures, on le fait brûler dans des becs, où il produit une flamme blanche très éclatante. Quand on veut l'employer au chauffage, comme cela se pratique dans beaucoup de villes, on le fait brûler dans des fourneaux, où il donne une flamme très pâle, mais très chaude.

Dans ce cas, comme dans les précédents, il se produit une combinaison de gaz combustible avec l'oxygène de l'air. Cette combinaison est invisible et sans odeur, heureusement (c'est lorsqu'il ne brûle pas, que le gaz d'éclairage répand une odeur qui trahit sa présence).

Il va pourtant nous être facile de voir ce qui s'est formé dans ces circonstances. Au-dessus de la flamme de ce bec de gaz (ou de cette lampe à pétrole), plaçons une cloche de verre. Ne la voyez-vous pas se ternir brusquement? Une buée la recouvre, et bientôt la cloche est ruisselante de grosses gouttes d'eau.

D'où vient cette eau? Elle est déposée par le gaz qui brûle. Une partie du gaz, l'*hydrogène*, s'est combinée à l'oxygène de l'air, pour former de l'eau.

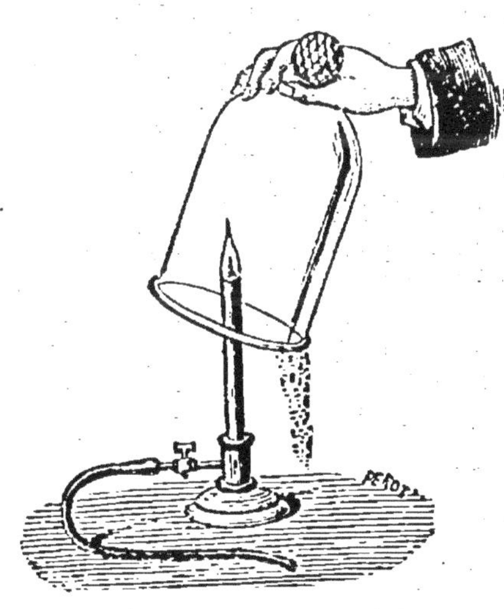

La combustion du gaz d'éclairage produit de l'eau.

2.

D'habitude cette eau, fortement chauffée dans la flamme, s'en va en vapeurs dans l'air, et on ne la voit pas; mais ici elle s'est déposée sur la cloche, qui était assez froide pour la condenser.

Certes, voici un résultat qui est bien fait pour vous surprendre et vous intéresser : cette eau, qui est si répandue à la surface de la terre, est formée par la combinaison de deux gaz, l'*oxygène* et l'*hydrogène;* elle se produit chaque fois que l'hydrogène, ou un corps qui en renferme, brûle dans l'air.

Combustion du charbon. — Prenons encore un exemple de combustion, le plus important de tous. Allumons un morceau de charbon et posons-le sur le sol : il ne tardera pas à s'éteindre. Ceci prouve tout simplement que le charbon brûle moins facilement que le phosphore ou le soufre. Mais si nous avons soin de le mettre dans un fort courant d'air, ou de souffler constamment sur lui, il se consumera peu à peu, jusqu'à ce qu'il ne reste plus que quelques pincées de cendres.

Pendant la combustion il ne s'est formé aucun corps visible, aucun gaz odorant, aucune vapeur qu'on puisse condenser par le froid, comme la vapeur d'eau. Il s'est pourtant produit un corps nouveau, comme dans tous les cas précédents : ce corps, combinaison de charbon et d'oxygène, on le nomme *acide carbonique.*

L'acide carbonique se produit chaque fois que le charbon brûle dans l'air. C'est, comme l'azote, un gaz invisible, sans odeur, ni saveur, incapable de faire brûler les corps combustibles et de faire respirer les animaux.

Le *bois*, le *charbon de terre*, l'*huile*, le *pétrole*, la *bougie*..... sont des corps combustibles qui renferment du charbon et de l'hydrogène. En brûlant, ils produisent de l'acide carbonique et de la vapeur d'eau, qui se répandent dans l'air.

Si l'on fait brûler un morceau de charbon, une bougie,... sous une cloche pleine d'air, la combustion ne tarde pas à cesser. Au bout de quelques instants, il ne reste plus d'oxygène ; le charbon se trouve plongé dans un mélange d'azote et d'acide carbonique, et il s'éteint.

Résumé. — Tout ce qui précède nous montre que l'air est un mélange de deux gaz, l'oxygène et l'azote. Cinq litres d'air renferment quatre litres d'azote et un d'oxygène. L'azote tempère l'action de l'oxygène.

Un corps qui brûle est un corps qui se combine avec l'oxygène de l'air pour former une substance nouvelle, combinaison du corps et de l'oxygène.

Si la combustion se produit dans un espace limité, dans lequel l'air ne peut pas se renouveler, elle cesse bientôt, quand tout l'oxygène a été consommé.

Si, au contraire, la combustion a lieu à l'air libre, elle peut se continuer tant qu'il reste du combustible, parce que l'oxygène est toujours en quantité suffisante.

Combustion des métaux. — Les métaux eux-mêmes sont susceptibles de brûler, c'est-à-dire de se combiner avec l'oxygène de l'air.

Chauffez, dans un vase convenable, des rognures de zinc ; vous les verrez fondre, puis brûler avec une flamme brillante, d'un blanc bleuâtre magnifique, en répandant une épaisse fumée blanche ; c'est une combinaison du zinc avec l'oxygène de l'air.

Combustion éclatante du zinc qu'on a fortement chauffé.

Le fer est

aussi susceptible de brûler; mais il ne le fait pas aussi facilement que le zinc. Si vous vous contentiez d'en mettre des morceaux dans le feu de votre cheminée, ils ne s'enflammeraient pas. Mais regardez un forgeron,

Le fer rouge, battu sur l'enclume, brûle en partie, c'est-à-dire se combine
avec l'oxygène de l'air.

battant le fer rouge sur l'enclume : les étincelles qui sautent par milliers autour du marteau sont produites par du fer en combustion. Vous n'avez qu'à vous baisser pour ramasser sur le sol des lamelles d'un gris terne : c'est là le produit de la combustion du fer.

Beaucoup d'autres métaux sont susceptibles de se combiner avec l'oxygène de l'air; mais la combinaison n'est pas toujours accompagnée d'une abondante production de lumière.

Voici du plomb que je fais fondre sur une pelle chauffée. Voyez comme il se recouvre rapidement d'une sorte de poussière d'un gris terne; j'enlève cette poussière, il s'en reforme immédiatement une nouvelle couche. Il s'agit encore ici d'une *combustion* : le plomb, chauffé jusqu'à la température à laquelle il fond, se combine avec l'oxygène de l'air pour former la cendre grise qu'on nomme *oxyde de plomb*. Seulement dans ce cas la combustion est assez lente, elle se fait sans flamme.

Voyons d'autres exemples. Prenons un morceau de

zinc, de plomb, d'étain ou de fer, parfaitement nettoyé et luisant, et abandonnons-le pendant quelques jours au contact de l'air. Il va se ternir peu à peu, se recouvrir d'une sorte de vernis sale et sans éclat ; ce vernis sale n'est autre chose que la combinaison du métal avec l'oxygène de l'air ; sans qu'on ait eu besoin de le chauffer, le métal s'est lentement *oxydé* à sa surface ; c'est encore là un de ces phénomènes qu'on appelle *oxydation*.

Outre les *combustions vives*, accompagnées d'un grand développement de lumière, il se produit donc souvent des *combustions lentes* dans lesquelles aucune lueur n'apparaît.

Les combustions lentes ne font, le plus souvent, qu'altérer l'éclat de la surface du corps. Elles ne s'étendent pas profondément.

Pour le fer, il en est autrement. La *rouille*, qui n'est autre chose que du fer *oxydé*, gagne peu à peu dans l'intérieur du métal, de sorte qu'après un certain temps l'oxydation est complète : on n'a plus un morceau de fer, on a un morceau de rouille, qui ne présente aucune solidité, et qui au moindre frottement se divise en lamelles fragiles.

Pour préserver le fer de cette déplorable destruction, on le recouvre fréquemment de peinture ou d'un autre métal sur lequel l'air a une action moins fâcheuse.

L'or et l'argent ne s'oxydent pas du tout dans l'air ; aussi les bijoux et les monnaies faits de ces métaux précieux conservent-ils toujours leur brillant éclat.

Observation. — Le maître se souviendra ici que son enseignement doit être, autant que possible, expérimental. Il fera avec soin, devant les élèves, les expériences indiquées dans le texte ; elles ont été choisies de telle sorte qu'on puisse les répéter sans appareils et sans dépenses.

IV. — LA RESPIRATION.

Le sang est tantôt rouge vermeil, tantôt rouge noirâtre. — Nous pouvons maintenant comprendre l'explication du phénomène de la *respiration*. Remarquons d'abord la couleur du sang. Lorsqu'il part du ventricule gauche pour se distribuer dans les organes, il a une magnifique coloration d'un rouge vermeil. Il est alors essentiellement propre à remplir sa fonction de nutrition.

Mais, après avoir circulé à travers les tissus, il n'a plus le même aspect : le sang **qui** revient par les veines dans l'oreillette droite est noirâtre. Il serait dès lors incapable d'entretenir la vie, s'il n'était modifié par la respiration.

Dans les poumons le sang se trouve en contact avec l'air. — Vous avez tous eu l'occasion de voir bien souvent des *poumons* de veau, ne fût-ce que dans la boutique d'un boucher ou d'un tripier. Les poumons de l'homme présentent la même disposition. Ce sont deux masses spongieuses, volumineuses, qui remplissent presque complètement la cavité de la poitrine, sous les côtes, à droite et à gauche du cœur. Les poumons sont les organes de la respiration.

Ils communiquent avec l'extérieur par un large canal, toujours ouvert, nommé la *trachée*. La trachée part

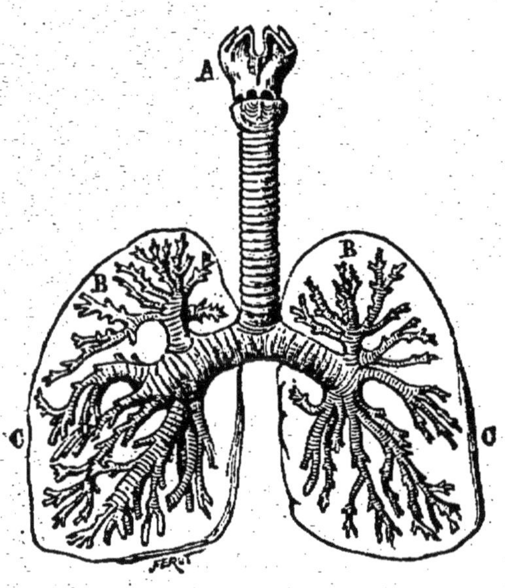

Les deux poumons de l'homme.

A, Larynx, ou partie supérieure de la trachée. — B, Les bronches, ou ramifications de la trachée. — C, les deux poumons.

du fond de la bouche et descend sur le devant du cou ; vous pouvez la sentir très distinctement avec la main, car elle est constituée par des anneaux superposés, durs et résistants. Aussitôt qu'elle a pénétré dans la poitrine, la trachée se divise en deux canaux plus petits, se subdivisant eux-mêmes à l'infini, de manière à former deux réseaux de *bronches*, qui sont comme la carcasse des poumons.

De son côté, l'artère pulmonaire, venue du ventricule droit, se divise en deux artères qui conduisent le sang à droite et à gauche du cœur. Chacune de ces artères secondaires donne naissance à son tour à des vaisseaux extrêmement déliés qui font circuler le sang tout autour des bronches. De ces vaisseaux artériels le sang passe dans des vaisseaux veineux, qui se réunissent pour former deux grosses veines par lesquelles le sang revient des poumons dans l'oreillette gauche.

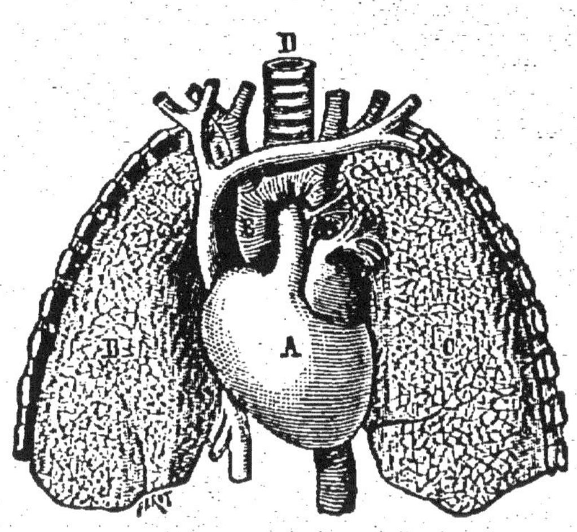

Les deux poumons de l'homme, entourant le cœur.

A, Le cœur, placé légèrement à gauche, dans la poitrine. — B, C, Les deux poumons, qui entourent le cœur. — Le sang part du ventricule droit du cœur pour aller dans les poumons, et revient à l'oreillette gauche du cœur. — D, La trachée, qui part du fond de la bouche, et amène l'air dans les poumons. — La figure montre, de plus, le commencement de l'artère principale, E, qui mène le sang dans tous les organes.

Vous voyez donc que chaque poumon est constitué par les ramifications de la trachée, ou *bronches*, autour desquelles s'enchevêtrent, d'une part, les petites artères qui amènent le sang du ventricule droit, d'autre part, les petites veines qui le ramènent à l'oreillette gauche.

A travers les parois de ces vaisseaux, le sang se trouve en contact avec l'air qui, pénétrant par la trachée, remplit constamment les bronches.

Le passage du sang dans les poumons est suivi d'un changement de coloration. — Le sang noirâtre, à son retour des organes, pénètre dans l'oreillette droite du cœur. De là il passe dans le ventricule droit, qui, se contractant, le chasse dans les poumons. Aussitôt arrivé en contact avec l'air qui remplit les bronches, le sang reprend la coloration rouge vermeil.

Le sang noirâtre qui venait du ventricule droit était incapable de nourrir les organes; le sang rouge qui quitte les poumons pour se rendre à l'oreillette gauche est au contraire essentiellement nutritif. Nous verrons bientôt à quoi tient cette différence d'action.

Contentez-vous, pour le moment, de retenir ce fait : *la respiration détermine dans le sang une modification qui se traduit par un changement de coloration, modification sans laquelle le liquide nutritif serait incapable de remplir son rôle.*

L'air pur de l'extérieur est introduit dans les poumons pendant l'acte de l'inspiration. — Observez attentivement comment vous faites pour respirer : vous opérez en deux temps.

Dans le premier temps, les épaules se soulèvent légèrement, la poitrine s'élargit, l'air entre et pénètre dans les bronches : c'est l'*inspiration*. Lorsque vous respirez régulièrement, l'inspiration se fait doucement, sans que vous en ayez conscience. Mais quand vous avez couru, quand vous êtes essoufflés, l'élargissement de la poitrine est considérable, et plus de deux litres d'air pénètrent à la fois dans les poumons, en passant par la bouche et par le nez.

L'air que nous inspirons ainsi est l'air pur de l'extérieur.

L'air ressort des poumons pendant l'expiration. — A chaque *inspiration* succède immédiatement une *expiration*. Les épaules s'abaissent, la poitrine devient moins large, l'air est chassé.

Nous faisons, d'habitude, de dix-huit à vingt inspirations et autant d'expirations par minute; plusieurs milliers de litres d'air traversent en une journée les poumons de chacun d'entre nous.

L'air inspiré n'a pas la même composition que l'air expiré.

Vous savez que l'air atmosphérique renferme beaucoup d'azote et beaucoup d'oxygène. Il contient aussi un peu de vapeur d'eau provenant de l'évaporation de l'eau des rivières et de l'Océan, et un peu d'acide carbonique. Telle est la composition de l'air inspiré. Mais l'air expiré contient beaucoup moins d'oxygène, et, en compensation, beaucoup plus de vapeur d'eau et beaucoup plus d'acide carbonique.

Soufflez sur une assiette froide, vous la verrez se couvrir d'une buée d'eau condensée, venant de l'abondante vapeur contenue dans l'air qui sort des poumons.

Quand on souffle dans de l'eau de chaux, cette eau se trouble, à cause de l'acide carbonique qui est contenu dans l'air expiré.

Préparez un peu d'*eau de chaux* en jetant un morceau de *chaux vive* dans un grand verre plein d'eau, agitant, puis laissant reposer pendant une heure et décantant. Si vous soufflez avec une paille dans l'eau de chaux limpide ainsi préparée, elle se troublera immédiatement; ce qui prouve la présence d'une forte proportion d'acide carbonique dans l'air expiré.

Ce changement dans la composition de l'air tient à ce que le sang noirâtre, venant des organes, était chargé de beaucoup d'acide carbonique; arrivé dans les poumons, il a abandonné ce gaz et a absorbé, à la place, une partie de l'oxygène de l'air.

Le sang, à son entrée dans les poumons, est noirâtre et chargé d'acide carbonique; à son départ, il est vermeil et chargé d'oxygène.

Le changement de coloration est dû au départ de l'acide carbonique et à l'absorption de l'oxygène.

L'arrêt de la respiration détermine rapidement la mort. — Le sang qui ne renferme pas d'oxygène ne peut entretenir le fonctionnement normal des organes. Chaque fois que l'oxygène n'arrive plus dans les poumons, la vie est en danger.

L'expérience montre en effet que l'arrêt de la respiration détermine la mort au bout de quelques minutes. On dit qu'il y a *asphyxie*.

La strangulation, l'immersion dans l'eau, en arrêtant la respiration, font périr par asphyxie. On meurt tout aussi rapidement quand on est plongé dans une atmosphère d'azote, quoique ce gaz ne soit pas vénéneux ; car on y manque de l'oxygène nécessaire à la revivification du sang.

La respiration ne se fait convenablement que dans un air pur. — De même, un air suffisamment vicié amène la mort par asphyxie. Quand plusieurs personnes sont enfermées dans une pièce bien close, l'oxygène est peu à peu absorbé, et la respiration devient plus difficile : on sent une odeur désagréable, puis une lourdeur de tête qui indique un commencement de malaise.

Introduisons, par exemple, une souris sous un verre et scellons le verre sur la table avec un peu de suif, pour que l'air ne puisse se renouveler. La pauvre petite bête semble anxieuse ; elle s'agite, puis devient morne et tombe ; retirons-la vite de sa prison, car elle y périrait en quelques instants.

Rien n'est donc plus indispensable que de respirer toujours un air pur. Combien y a-t-il de personnes qui sont méticuleuses pour la propreté qu'elles exigent dans la préparation de leurs aliments ou de leurs boissons, et qui ne se préoccupent jamais de l'air qu'elles respirent ! Persuadez-vous cependant que, pour se bien porter, il est aussi nécessaire de bien choisir son air que son dîner. Prenez donc constamment vos ébats dans les champs, dans les cours et dans les jardins. Les enfants qui, par crainte du froid et du mauvais temps, restent toujours à l'intérieur des appartements, respirent mal et ne peuvent pas être robustes. L'habitude de vivre au grand air fortifie, au contraire, et permet de résister plus aisément aux intempéries des saisons.

Vous comprendrez mieux encore la nécessité de respirer un air pur, quand vous saurez que bien des maladies épidémiques se propagent par l'air, et principalement par l'air des villes, que souillent, entre autres causes, tant de respirations différentes. L'air de la campagne est toujours préférable à celui de la ville.

Il faut constamment renouveler l'air dans les habitations. — On ne peut cependant vivre constamment au dehors ; on est forcé de séjourner dans les habitations pendant toute la nuit et souvent pendant une grande partie de la journée. Mais on doit tout faire pour que l'air y soit constamment renouvelé et maintenu aussi pur que possible ; car l'haleine de l'homme est mortelle à l'homme.

Pour que la respiration se fasse convenablement dans l'habitation, il faut que celle-ci soit bien située, en pleine lumière, sur un terrain sec, loin des marécages, qui sont dangereux à cause des miasmes malsains qui s'en dégagent constamment. On devra faire en sorte que l'air y soit constamment renouvelé. Ne manquez pas, par exemple, d'ouvrir tous les jours, pendant plusieurs heures, les portes et les fenêtres de vos classes et de vos chambres pour y laisser pénétrer l'air pur de l'extérieur.

La chambre à coucher, devant rester fermée pendant toute la nuit, sera aussi vaste que possible ; elle ne devra rien renfermer qui puisse donner à l'air la moindre odeur ou en altérer la pureté, ni lampe allumée, ni fleurs ; si l'on y fait du feu, que ce soit toujours dans une bonne cheminée, tirant bien ; évitez les poêles où le dégagement de la flamme et de la fumée se fait mal ; les lieux d'aisance doivent aussi être toujours éloignés autant que possible des pièces où l'on couche.

Le lit sera maintenu dans un état rigoureux de propreté ; il ne devra ni recueillir ni garder toutes les mauvaises odeurs, toutes les impuretés, tous les germes de maladie que l'homme transporte avec lui, ou qui viennent du voisinage. Pour les matelas, il ne faut jamais employer la plume, origine d'une chaleur humide très malsaine. Il est préférable que le lit ne soit pas entouré de rideaux et surtout qu'il ne soit point renfermé dans une alcôve ; car l'air doit pouvoir circuler librement pendant toute la nuit autour des personnes endormies.

Voilà, n'est-ce pas, bien des précautions ; on les néglige le plus souvent, mais la santé ne s'en trouve pas mieux, au contraire. Les mauvaises conditions de la respiration tuent insensiblement plus de monde, et créent plus de maladies, que la mauvaise qualité ou l'insuffisance de la nourriture. Souciez-vous donc tout autant de bien respirer que de bien manger.

Observation. — Le maître insistera sur le dernier paragraphe, relatif à l'hygiène de la respiration.

V. — LA NUTRITION ET LES ALIMENTS.

C'est le sang qui nourrit le corps de l'homme. — Nous avons déjà dit, à plusieurs reprises, que le sang est le liquide nourricier du corps ; c'est lui qui porte, dans chacun de nos organes, les éléments nécessaires à son accroissement, à son entretien, à son fonctionnement normal.

Nous allons, dans cette leçon, montrer d'une manière plus précise comment s'accomplit le phénomène de la nutrition. Ce sera pour nous une occasion de résumer les notions qui précèdent.

La composition du sang est fort complexe ; car il renferme tous les éléments dont est formé notre corps. En

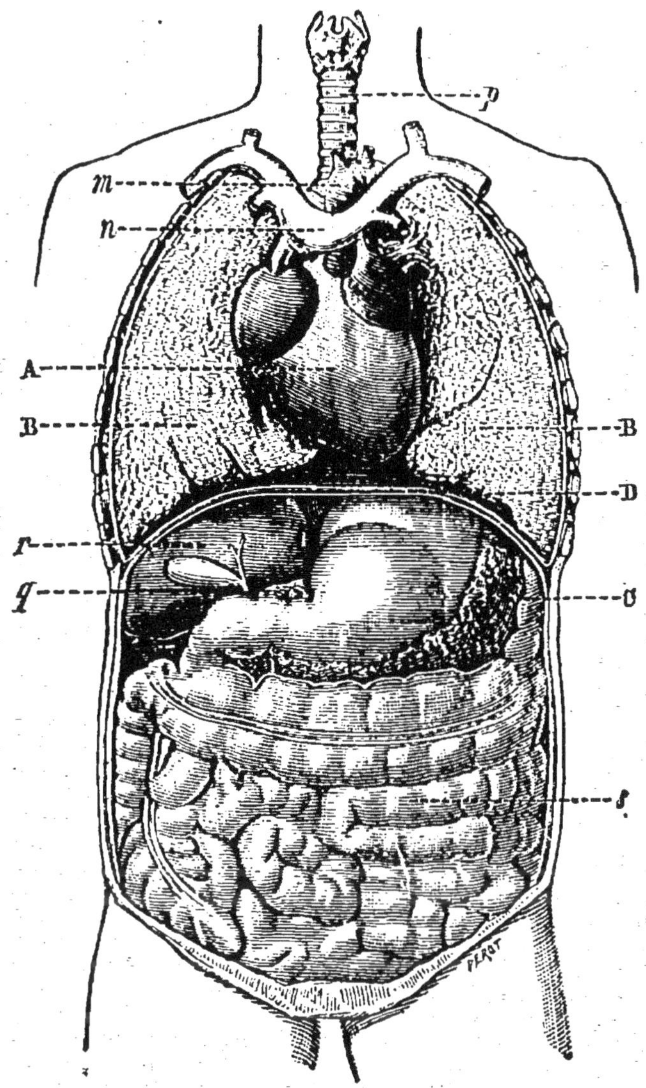

Le tronc de l'homme, montrant la position relative des organes
de la digestion, de la circulation et de la respiration.

A, Le cœur, qui envoie le sang, par les artères, d'une part dans les poumons,
d'autre part dans toutes les parties du corps. — *m*, Artère principale, qui conduit le sang du ventricule gauche dans les organes. — *n*, Veine principale
qui ramène le sang des organes dans l'oreillette droite.
B, B, Les poumons, qui reçoivent le sang du ventricule droit et le ramènent à
l'oreillette gauche. — *p*, Trachée-artère, qui conduit l'air extérieur dans les
poumons. — Le cœur et les poumons sont placés à la partie supérieure du
tronc, sous les côtes, qui forment ce qu'on nomme la poitrine.
C, L'estomac, situé au-dessous de la poitrine, et qui reçoit les aliments par l'œsophage. — *q*, Le pancréas, versant le suc pancréatique dans les intestins. — *r*,
Le foie et la vésicule du fiel, versant la bile dans les intestins. — *s*, Les intestins. — L'estomac et les intestins sont placés dans le ventre.
D, Un muscle plat, nommé diaphragme, sépare la poitrine du ventre ; par ses
mouvements de contraction il aide à la respiration.

arrivant dans chaque organe, il dépose précisément les substances nécessaires à la formation des tissus qui constituent cet organe. Dans les glandes salivaires, il forme la salive ; dans les os, il abandonne de la gélatine et des sels minéraux ; à l'extrémité des doigts, il fabrique des ongles ; ailleurs, il dépose les matériaux qui constituent les muscles, les nerfs, les artères, les veines.....

Mais là ne se borne pas son action. Si le sang apportait toujours des éléments nouveaux aux diverses parties du corps, sans jamais enlever les éléments anciens, le poids du corps augmenterait tous les jours indéfiniment. Il n'en est pas ainsi. C'est qu'en effet le liquide nutritif a une double fonction. En même temps qu'il introduit des matériaux neufs dans l'organisme, il enlève les matériaux vieillis et les rejette à l'extérieur ; il accomplit cette seconde fonction par une véritable combustion, analogue à celle qu'on observe dans nos foyers.

La *digestion* a pour but de fournir au sang les éléments nécessaires à la nutrition, tandis que la *respiration* lui fournit l'air sans lequel il ne saurait brûler les matériaux vieillis.

Le sang doit être constamment reformé par l'alimentation. — A mesure que le sang dépose, dans son trajet circulatoire à travers les organes, les solides et les liquides dont ces organes sont composés, il s'appauvrit. S'il ne recevait pas de quelque part ce qu'il perd à chaque instant, il deviendrait bientôt incapable d'accomplir sa fonction nutritive.

Mais il est constamment reformé par la digestion. Les aliments, introduits dans l'estomac, sont, comme nous l'avons vu, rendus liquides par la digestion, puis pompés à travers les parois de l'intestin, et vont se mêler à la masse du sang.

Vous le voyez, vous n'êtes pas encore nourris lorsque vous venez de terminer un repas. Pour que vous soyez réellement nourris, il faut que les aliments, rendus liquides par la digestion, aient été absorbés par les veines intestinales, et versés dans le sang. Le repas que vous prenez ne vous nourrira en réalité que dans quelques heures.

Vous le voyez donc, *l'alimentation n'a pas d'autre but que de faire du sang.*

L'alimentation doit être convenablement choisie. — Les aliments, qui font le sang, doivent forcément renfermer tout ce que contient le sang, c'est-à-dire tout ce qui entre dans la constitution de notre corps.

Il n'est donc pas indifférent de faire sa nourriture habituelle de tel ou tel aliment. Un homme qui mangerait uniquement des pommes de terre, sans pain, serait fort mal nourri : il n'aurait aucune force et serait incapable d'accomplir son travail quotidien. Le régime qui convient le mieux à l'entretien des forces est celui qui consiste en une association d'aliments tirés des végétaux et d'aliments tirés des animaux.

Un homme de moyenne taille qui se nourrirait uniquement de pain, devrait en manger au moins deux kilogrammes par jour. S'il se nourrissait de pain et de viande, il lui faudrait un kilogramme de pain et 300 grammes de viande.

Un enfant de douze à quinze ans, quoique beaucoup moins grand qu'un homme, doit manger presque autant, car l'accroissement de sa taille et de son poids demande une alimentation abondante.

Le sang doit être constamment aéré par la respiration. — Le sang, sans cesse alimenté par la digestion, arrive dans les poumons, où il se trouve en contact avec l'air venu de l'extérieur. Il entraîne avec lui une partie de cet air, et retourne au cœur, pour être distribué bientôt, par les artères, dans toutes les parties du corps.

Cet air va accomplir, dans tous les organes, une combustion lente analogue à celle qui, dans les minéraux, transforme le fer en rouille. Tous les matériaux vieillis, qui doivent être éliminés, seront brûlés. L'hydrogène qu'ils renferment sera, dans cette combustion lente, transformé en eau, qui s'ajoutera à la masse liquide du sang ; le charbon qu'ils contiennent donnera naissance à de l'acide carbonique, qui sera entraîné dans la circulation, comme l'était l'air venu des poumons.

Lorsque le sang sera arrivé dans les veines qui doivent le ramener au cœur, tout l'oxygène de l'air qu'il avait entraîné aura été employé à brûler l'hydrogène et le charbon des éléments hors d'usage ; dans le liquide nutritif il n'y aura plus d'oxygène, mais, à sa place, de l'acide carbonique. A partir de ce moment le sang sera incapable de remplir sa fonction de nutrition ; il lui faudra retourner dans les poumons, pour y abandonner son acide carbonique, et faire une nouvelle provision d'oxygène.

Ceci doit vous sembler maintenant bien simple. Les aliments que vous mangez aujourd'hui vont d'abord être transformés en sang, puis ils se fixeront, par le phénomène de la nutrition, dans les diverses parties du corps, constituant les os, les muscles, les ongles, le cœur... Mais ils ne resteront pas là indéfiniment. Au bout d'un temps plus ou moins long, ils seront brûlés par l'oxygène, entraînés dans le sang, transformés, au moins en partie, en eau et acide carbonique, et rejetés à l'état gazeux par le phénomène de l'expiration ; la place laissée vide dans les organes par leur départ sera immédiatement occupée par les matériaux nouveaux qu'apporte le sang.

Le mouvement est donc incessant dans chacune des parties de notre corps. La forme en demeure à peu près invariable, mais les éléments qui les constituent sont constamment renouvelés.

Il faut manger et boire assez ; il ne faut ni trop boire ni trop manger. — Je vous ai déjà parlé à plusieurs reprises de la nécessité d'une bonne alimentation ; nous allons y revenir encore un peu.

Il ne suffit pas, pour être bien nourri, de manger beaucoup d'un aliment quelconque, il faut encore que l'aliment soit bien choisi. Le pain, les légumes, les fruits, sont incapables, à eux seuls, de donner à l'homme une grande force corporelle et une grande énergie morale. Il faut absolument y ajouter quelques produits tirés des animaux, ,poisson, lait, œufs, et surtout viande et fromage.

La quantité de travail que peut effectuer chaque jour un homme courageux est d'autant plus grande, qu'il consomme plus de viande.

Mais s'il est mauvais pour la santé d'avoir une alimentation insuffisante ou mal choisie, il est tout aussi mauvais de manger avec excès. La gourmandise, qui porte les enfants et les hommes à se bourrer l'estomac alors qu'ils n'ont plus faim, est l'origine de nombreuses maladies.

Les boissons sont aussi nécessaires à la nutrition que les aliments. L'eau, quand elle est pure et fraîche, constitue une excellente boisson, dont se contentent les neuf dixièmes de la population du globe. Cependant le vin, la bière, le thé, le café, qui sont en même temps nourrissants, et produisent aussi sur le corps une excitation salutaire, remplacent l'eau avec avantage, pourvu qu'on les consomme avec une grande modération, et qu'on ne fasse pas de certains d'entre eux un abus qui mènerait jusqu'à l'ivrognerie.

Il ne faut pas abuser des boissons alcooliques, ni du tabac. — Le vin et la bière, pris en petite quantité, ne produisent que de bons effets sur la santé. Mais les autres *boissons alcooliques*, ou *liqueurs fortes* (alcool, eau-de-vie, cognac, kirsch, absinthe...), ne sont jamais salutaires. Leur usage habituel, même modéré, ne peut qu'être lentement nuisible; l'abus qu'on en fait souvent conduit à l'ivrognerie, le plus dégradant de tous les vices, et bientôt à une foule de maladies capables d'amener rapidement la mort.

Sans doute l'usage des liqueurs fortes produit une excitation momentanée, qui permet à l'homme d'accomplir, à l'occasion, un travail pénible; il lui fournit, pendant quelques heures, l'énergie dont il a besoin pour lutter contre la fatigue. Mais, après l'excitation, arrive l'affaissement, qui laisse le corps affaibli et languissant. Il est bien préférable de puiser des forces et de l'énergie dans une bonne alimentation, dont les effets sont moins rapides, mais plus durables.

N'oubliez pas, d'ailleurs, que l'usage conduit à l'abus, et l'abus à l'ivrognerie. Réservez donc les boissons alcooliques pour les cas extraordinaires, comme si elles étaient non des boissons, mais des remèdes, et ne prenez jamais l'habitude du *petit verre*.

A côté de l'abus des boissons alcooliques, qui dégrade l'homme et altère sa santé, il est un autre abus qu'il faut éviter, c'est celui du *tabac*. L'habitude de fumer enlève progressivement l'appétit, et nuit ainsi à la nutrition: nous devons donc en dire deux mots ici.

Vous devrez éviter l'usage et surtout l'abus du *tabac*. L'habitude de fumer n'est certainement pas aussi pernicieuse que celle de s'enivrer, ni aussi incompatible avec la dignité humaine; mais elle présente de graves inconvénients. Le fumeur répand toujours autour de lui une odeur désagréable; il devient bientôt l'esclave de son habitude, et ne peut rester longtemps là où il lui est interdit de fumer. Puis, s'il arrive à l'abus, ses facultés intellectuelles deviennent plus paresseuses, ses digestions plus pénibles; il perd l'appétit, et, bientôt ensuite, la santé.

Songez aussi à la dépense considérable qui résulte de l'habitude de fumer sans modération. L'argent qui s'en va ainsi en fumée ne trouverait-il pas un meilleur usage dans l'achat de quelques livres, s'il s'agit d'un jeune homme, dans l'amélioration de la nourriture de la famille, s'il s'agit d'un père de famille.

***

VI. — LA CHALEUR DU CORPS.

La respiration est aussi l'origine de la chaleur animale. — La combustion lente qui se produit dans toutes les parties de notre corps n'a pas seulement pour effet d'éliminer les éléments vieillis; elle produit encore, comme toutes les combustions, lentes ou vives, une notable quantité de chaleur.

L'hydrogène et le charbon, qui sont lentement brûlés dans tous les organes par l'oxygène que transporte le sang, et qui sont rejetés ensuite, dans l'expiration, à l'état de vapeur d'eau et d'acide carbonique, agissent comme de véritables combustibles. Notre corps est un vrai foyer; dans chaque partie de chaque organe se produit une combustion.

Cette chaleur maintient notre corps à une température fixe, généralement bien supérieure à celle de l'air, et égale à peu près à 38 degrés. Sans cette combustion lente intérieure, qu'on nomme la *respiration*, notre corps suivrait les variations de la température extérieure.

Nous luttons contre le froid par une respiration plus active, par les vêtements et par le chauffage. — Lorsqu'il fait froid au dehors, notre corps tend à se refroidir rapidement; mais aussitôt la respiration devient plus active, la combustion intérieure s'avive, elle produit plus de chaleur, et nous ne nous refroidissons pas sensiblement.

Mais, puisque la combustion intérieure devient plus active, il en résulte une consommation plus rapide des éléments qui constituaient nos organes: le sang doit donc déposer une plus grande quantité de matériaux nouveaux, et il a besoin d'être lui-même plus fortement alimenté. Ceci vous explique pourquoi nous avons meilleur appétit en hiver qu'en été : nous respirons davantage, il nous faut manger beaucoup plus.

C'est donc en hiver surtout, et plus encore dans les pays froids, que nous aurons besoin d'une alimentation abondante et substantielle, contenant, autant que possible, une notable proportion de viande, de matières grasses, de fromage; alors surtout il sera bon de remplacer l'eau par un peu de vin et de café. Les peuples du Nord mangent beaucoup plus que ceux du Midi; ils boivent aussi plus de liqueurs fortes. Leur manque de sobriété est, en partie, une conséquence de la rigueur de leur climat.

Le travail musculaire, l'exercice, en activant la respiration, sont aussi indispensables pour lutter contre le froid. L'hiver, quand le froid est vif, il ne faut jamais, quelque fatigue que l'on éprouve, rester longtemps dans l'immobilité.

De bons vêtements sont en même temps nécessaires pour aider l'action de la respiration. Les vêtements épais de laine ou de fourrure, bien adhérents au corps, empêchent la chaleur du corps de se perdre à l'extérieur.

Enfin, dans l'intérieur des habitations, nous entretenons une douce chaleur au moyen de poêles ou de cheminées, dont nous avons parlé dans le *Cours élémentaire*[1]. Les appareils de chauffage, quels qu'ils soient, devront être disposés de manière à ne pas vicier l'air des appartements ; l'acide carbonique qui se forme dans la combustion du bois et du charbon, devra toujours être rejeté à l'extérieur par un tuyau de poêle ou de cheminée. Le tirage doit être assez grand pour produire une active *ventilation*. Il ne faut jamais vous chauffer au détriment des conditions nécessaires à une bonne respiration.

Nous luttons contre la chaleur par une respiration moins active, et par la transpiration. — En été, c'est la chaleur qui nous incommode, et non pas le froid. Si la respiration restait aussi active qu'en hiver, la température du corps s'élèverait de beaucoup au-dessus de 38 degrés, et la mort surviendrait rapidement.

Mais, dès que la température extérieure s'élève, la respiration diminue d'activité, c'est-à-dire que le foyer intérieur produit moins de chaleur. En été on respire moins qu'en hiver, aussi a-t-on besoin de moins manger. Le pain, les légumes, les fruits suffisent le plus souvent à l'alimentation pendant l'été ; la viande n'est pas aussi indispensable qu'en hiver.

Vous comprenez maintenant pourquoi l'appétit diminue lorsqu'il fait chaud. Les peuples qui habitent les régions

1. Cours élémentaire, XXVIII, *le Chauffage*, page 76.

les plus chaudes du globe sont remarquables par une sobriété qui nous étonne. Un Arabe se nourrit avec 180 grammes de matières solides par jour; les Touaregs, dans l'Afrique centrale, ne connaissent même pas le blé : les dattes et le lait constituent leur nourriture presque exclusive. Le chameau du Sahara peut faire 200 lieues en huit jours, sans boire et presque sans manger.

L'évaporation de la sueur à la surface de la peau contribue aussi très puissamment à empêcher la température du corps de s'élever. Vous savez, en effet, que l'évaporation de l'eau produit du froid; vous ressentez une fraîcheur bienfaisante quand vous trempez vos mains dans l'eau, et que vous les exposez ensuite au contact de l'air. Eh bien, il se trouve sous la peau, sur toute la surface du corps, de petites *glandes* qui produisent de la sueur. Quand il fait chaud, la production de la sueur est considérable. Le liquide ruisselle même, quelquefois, de manière à couler abondamment; son évaporation rapide rafraîchit le corps.

L'action rafraîchissante de l'évaporation de la sueur est telle, que certaines personnes ont pu entrer, et rester pendant plusieurs minutes dans des fours où cuisaient du pain, de la viande et des pommes.

La sueur est retirée du sang, comme toutes les substances qui prennent naissance dans le corps. Les glandes de la sueur retirent l'eau du sang et la font passer à l'extérieur, à travers la peau. Pour que le sang ne s'épaississe pas, il faut que l'alimentation lui fournisse une abondante provision de liquide. On doit donc avoir plus soif en été qu'en hiver, et vous l'avez souvent remarqué.

L'urination, qui a pour but de rejeter hors du corps l'excès de liquide et diverses autres substances, est plus rare en été qu'en hiver, puisque, dans la saison chaude, l'excès de liquide est en grande partie rejeté par la sueur.

La peau doit être constamment maintenue dans un grand état de propreté. — Lorsque le corps est couvert de poussière, souillé d'impuretés, la sueur ne sort pas aussi librement, et la santé peut en souffrir. Il en résulte, notamment, de fréquentes maladies de peau.

Il est donc indispensable, en toutes saisons, mais surtout en été et dans les pays chauds, d'avoir des soins constants de propreté. Les ablutions froides *sur toutes les parties du corps*, et opérées tous les jours, sont très utiles à la conservation de la santé. Elles ont de plus l'avantage de rendre ceux qui les pratiquent moins sensibles, en hiver, à l'action du froid.

Outre les ablutions froides, faites avec une éponge ou un linge, les bains froids exercent une action extrêmement salutaire. Pourquoi tant de personnes négligent-elles d'en prendre pendant l'été ?

Le bain froid, pour être salutaire, doit être court, et suivi d'un exercice musculaire modéré, comme par exemple d'une bonne promenade.

Donnons de plus, sur la manière de prendre les bains froids, quelques conseils en opposition avec des préjugés trop communément acceptés.

Il ne faut jamais prendre de bain froid avant que le travail de la digestion soit complètement terminé.

Il est très dangereux d'attendre sur la rive que le corps ait perdu toute sa chaleur avant de pénétrer dans l'eau. C'est s'exposer à des dangers certains et courir le risque de contracter des maladies, qui sont alors toujours mises sur le compte du bain lui-même. *Il est bon, au contraire, de se rendre au bain à pied et de se jeter dans l'eau le corps couvert de sueur.* Pris dans ces conditions, le bain exerce sur la peau et sur le corps tout entier une action tonique très utile ; il met notamment à l'abri des accidents qui pourraient résulter du contact d'un air froid avec le corps en sueur.

Nous puisons dans la respiration la force nécessaire à l'accomplissement de tous nos mouvements. — Ajoutons enfin, pour terminer, que nous puisons dans la chaleur produite par la respiration la force de nous mouvoir et de travailler.

La locomotive ne peut traîner les voitures placées à sa suite qu'en empruntant sa force au charbon qui brûle dans le foyer, de même l'origine de tous nos mouvements se trouve dans la combustion lente dont le sang est le siège. A ce point de vue, notre corps doit être considéré comme une véritable machine à feu.

Ceci nous explique pourquoi nous mangeons d'autant plus que nous travaillons davantage. L'ouvrier qui se nourrit mal ne peut jamais, quel que soit son courage, produire une grande somme de travail.

VII. — LES MOUVEMENTS.

Les os soutiennent le corps. — Les *os* donnent de la consistance à notre corps ; ils tiennent chaque organe à sa place. Ils sont, en effet, formés d'une substance assez dure pour résister à la flexion et au choc.

L'ensemble des os constitue le *squelette*. Le squelette de l'homme a l'apparence générale du corps ; chaque partie de notre corps est soutenue par des os.

Les os de la tête forment le *crâne* et la *face ;* les os du tronc forment la *colonne vertébrale* et les

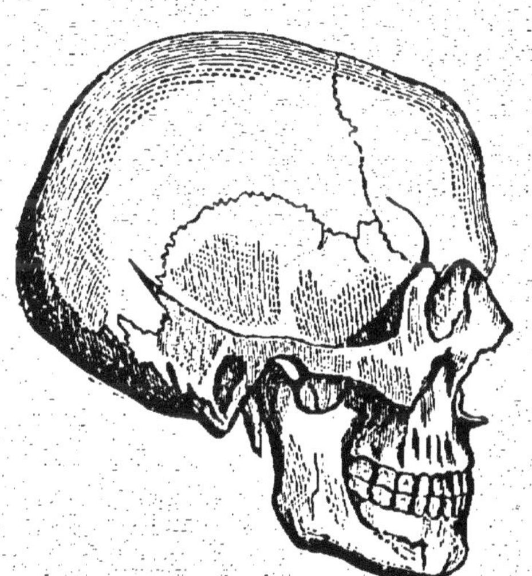
Les os de la tête soudés entre eux.

côtes ; enfin, les *membres* sont soutenus par les os des *bras* et des *mains*, des *jambes* et des *pieds*.

Les os qui doivent rester immobiles les uns par rapport

aux autres, comme ceux du crâne, sont soudés entre eux.
Au contraire, lorsque deux os sont destinés à jouer l'un

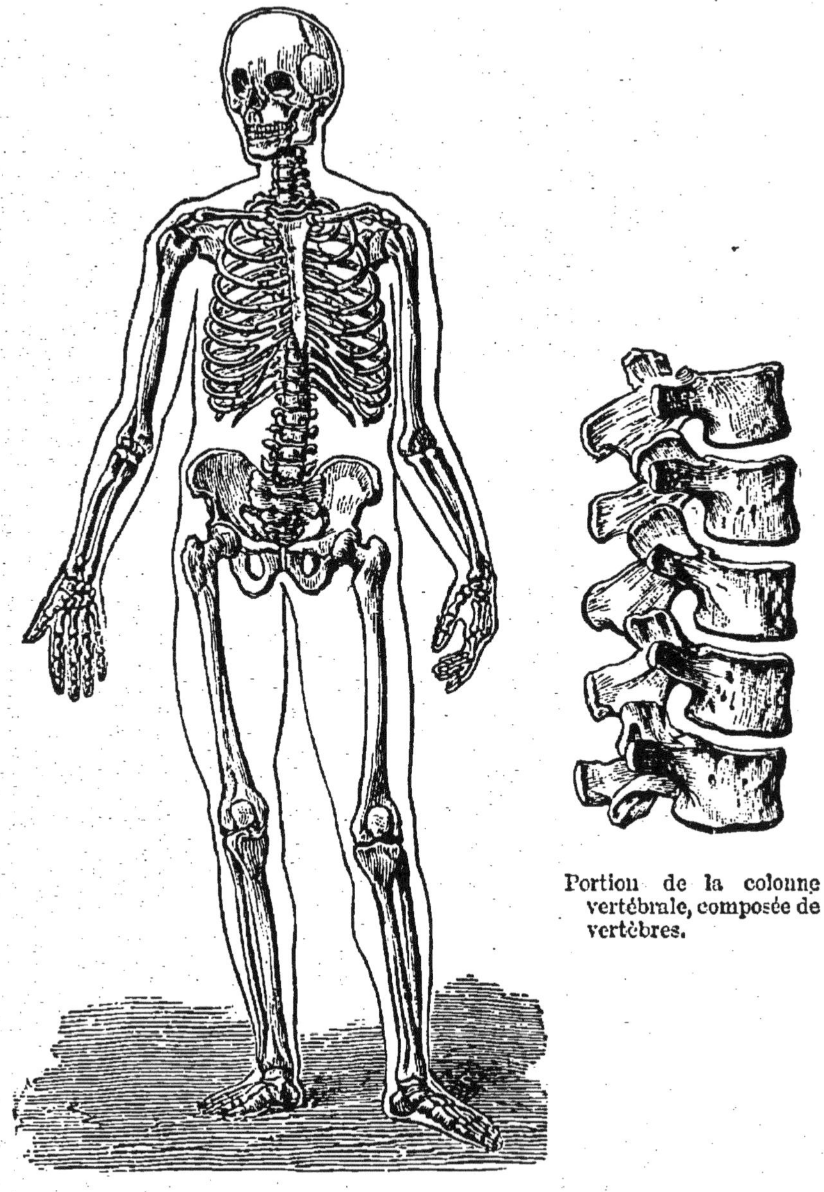

Portion de la colonne vertébrale, composée de vertèbres.

Le squelette de l'homme.

sur l'autre pour produire des mouvements, ils sont
réunis en une *articulation* mobile, constamment graissée
par un liquide huileux qui diminue les frottements. Ne

L'articulation de l'os du bras avec ceux de l'avant-bras.

manquez pas d'examiner cette articulation quand vous mangerez une cuisse de poulet.

Les muscles déterminent, par leurs contractions, les mouvements des organes. — Les os, à eux seuls, seraient incapables de se mouvoir. Ils sont mis en mouvement par l'action des *muscles*, organes formés par l'assemblage d'un grand nombre de filaments rouges, d'une extrême ténuité, qu'on distingue aisément dans la viande bouillie.

Les muscles, fort nombreux, sont dirigés en divers sens; vous les distinguerez facilement les uns des autres dans un lapin écorché, ou dans une tête de mouton. Leur ensemble, compris entre la peau et les os, constitue la viande.

Chaque muscle a la propriété de se *contracter*, c'est-à-dire de diminuer de longueur, et de déterminer ainsi le rapprochement des os auxquels il est attaché.

Mettez votre bras droit à nu, et touchez, avec la main gauche, le muscle qui porte

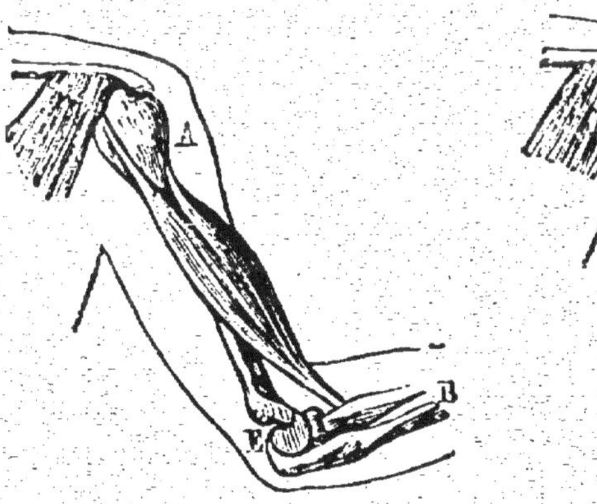

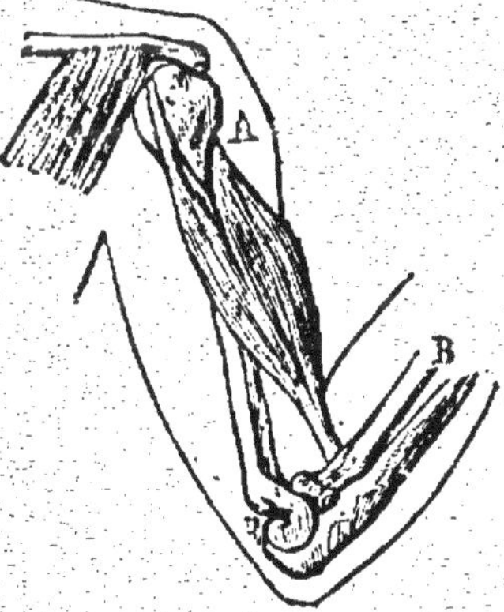

Muscle biceps, montrant comment la contraction d'un muscle peut déterminer le mouvement d'un os.

A, Os du bras. — B, Os de l'avant-bras. — Le biceps est attaché, par sa partie inférieure, à l'os de l'avant-bras. Lorsqu'il se contracte, ce dernier os tourne autour de l'articulation E, et se soulève. — Remarquez, sur ces figures, l'emboîtement et l'articulation des os du coude.

le nom de *biceps*. Vous sentez nettement qu'il s'étend, mou et flasque, depuis l'épaule jusqu'à l'avant-bras. C'est qu'en effet il a toute la longueur du bras ; il est soudé à l'os de l'épaule par l'une de ses extrémités, à l'un des os de l'avant-bras par l'autre extrémité. Aux points d'attache, il est rétréci, blanc et ferme ; il prend alors le nom de *tendon*. Vous rencontrez ces tendons lorsque vous rongez un os, et vous leur donnez, bien à tort, le nom de *nerfs*.

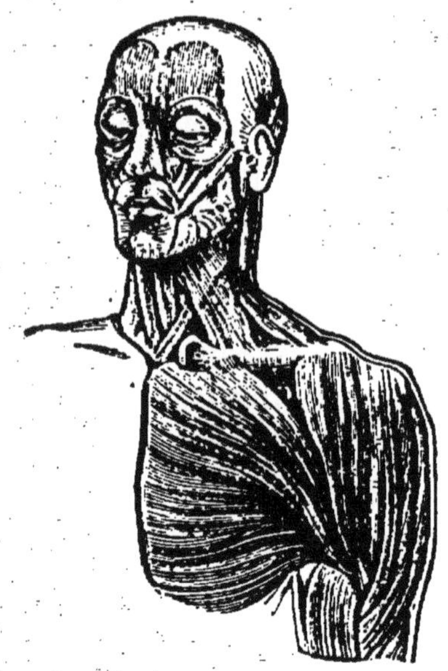

Les muscles de la poitrine, du bras, du cou et de la face.

Mais pliez maintenant l'avant-bras, de manière à rapprocher la main de l'épaule. Ne sentez-vous pas le biceps se grossir, devenir dur : Il s'est raccourci et a déterminé le mouvement de l'os auquel est attachée son extrémité inférieure.

Tous nos mouvements, mouvements des membres, de la face, de la poitrine, mouvements intérieurs du cœur, de l'estomac, des intestins, sont dus à la contraction des différents muscles.

L'exercice active la nutrition. — Les machines fabriquées par l'homme s'usent et se détériorent par l'usage qu'on en fait. Il en est tout autrement de nos organes, qui, lorsqu'ils sont soutenus par une alimentation suffisante, se fortifient d'autant plus qu'ils travaillent davantage.

L'exercice musculaire active à la fois la circulation du sang et la respiration ; il augmente, par conséquent, l'appétit et facilite la digestion : il est donc extrêmement favorable au fonctionnement régulier de tous nos organes. Rien n'a une meilleure influence sur le développement de la santé qu'un exercice musculaire général, fait dans de bonnes conditions, surtout s'il est accompli dans un air pur, au sein duquel on puisse respirer largement.

Les ouvriers qui travaillent à la campagne, au grand air, sous de vastes hangars ou dans d'immenses ateliers bien aérés, tels que les agriculteurs, les marins, les maçons, les charpentiers..., jouissent généralement d'une bonne santé.

Ceux, au contraire, que leur profession force à demeurer renfermés et immobiles pendant la plus grande partie de la journée, hommes de bureau, tailleurs, cordonniers..., sont moins robustes. Ils devront s'astreindre à un exercice régulier et bien entendu, à une sorte de gymnastique à laquelle puissent participer tous les muscles de leur corps.

L'exercice développe les forces. — Non seulement l'exercice musculaire entretient la santé, mais encore il augmente les forces.

Tout muscle fréquemment exercé s'accroît en puissance: car le sang s'y porte en abondance, et le nourrit copieusement. Le facteur rural, qui marche beaucoup, a le plus souvent les jambes vigoureuses ; le boulanger, qui pétrit le pain, a les bras forts.

Mais le but de l'homme, pas plus que celui de l'enfant, ne doit être d'augmenter la puissance d'un de ses organes au détriment des autres. On devra donc, autant que possible, se livrer à un exercice tel que tous les muscles participent à la fois à la fatigue, de manière que toutes les parties bénéficient de ce surcroît d'activité.

L'enfant verra tous ses organes se fortifier également, s'il les exerce tous dans des jeux variés. Rien ne saurait donc être plus favorable au développement de vos forces que les jeux, les cris joyeux, les longues promenades, les luttes pacifiques de toutes sortes, la gymnastique et les exercices militaires.

La gymnastique hygiénique, surtout, qui consiste en un certain nombre de mouvements bien coordonnés, n'exigeant aucun appareil et aucun aide, pouvant s'exécuter en tout temps et en tout lieu, contribue puissamment au maintien de la santé et au développement des forces.

Dans divers pays de l'Europe, en Suède, en Allemagne, en Suisse, en Angleterre, on se préoccupe beaucoup de faire faire de la gymnastique aux enfants qui fréquentent les écoles. On cherche, dans ces exercices, à faire travailler tous les muscles de l'enfant, à habituer sa respiration à être ample et profonde ; on tâche de le perfectionner dans les différents modes de marche au point de vue de la durée et de la vitesse. Voilà des exercices profitables pour le corps, et par suite pour l'esprit, car l'esprit n'est généralement sain que dans les corps bien portants.

La pratique de la gymnastique a été récemment rendue obligatoire dans toutes les écoles de France. C'est là une innovation qui produira les meilleurs résultats : car les maîtres et les enfants rivaliseront de zèle dans cet exercice aussi agréable que salutaire.

Observations. — 1° Un rat, une souris, une couleuvre, une grenouille, abandonnés sur une fourmilière, sont bientôt complètement dépouillés de leur peau et de leur chair. Il reste un petit squelette complet, qu'on peut coller sur une planchette dans la posture habituelle à l'animal. Les enfants tâcheront d'opérer cette *préparation*, qui sera conservée dans le musée scolaire ; elle servira à montrer les différentes formes des os, la soudure des os du crâne et de la colonne vertébrale, les articulations des os des membres.

2° On montrera aisément les muscles sur les jambes d'une grenouille écorchée. Si l'on tue la grenouille devant les élèves, et qu'on l'écorche immédiatement, on verra ses muscles se contracter sous l'action de la piqûre d'une épingle, ou d'une goutte de vinaigre. Tout cela se verrait encore mieux sur un lapin récemment tué et écorché.

VIII. — LES NERFS, LES SENS ET LA VOIX.

Les nerfs font communiquer le cerveau avec les différentes parties du corps. — Les muscles ne se contractent pas d'eux-mêmes pour produire des mouvements : ils agissent sous l'influence des *nerfs*. Voyons donc ce que sont les nerfs.

La boîte formée par les os du crâne est entièrement remplie d'une masse molle et blanchâtre, appelée *cerveau*. A la partie inférieure du cerveau commence un gros cordon blanc, la *moelle épinière*, qui descend le long du dos, à l'intérieur de la colonne vertébrale. Enfin, du cerveau et de la moelle épinière partent un grand nombre de cordons blancs plus petits, qui se répandent dans toutes les parties du corps, en se

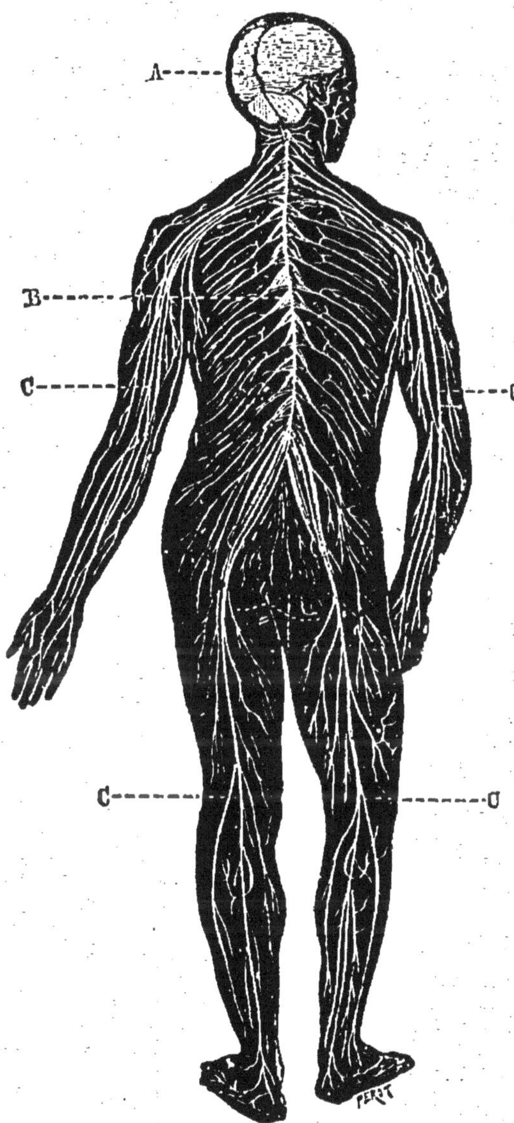

Le système nerveux de l'homme.

A, Le cerveau, renfermé dans le crâne. — B, La moelle épinière, renfermée dans la colonne vertébrale. — C, C, C, Les nerfs, qui se rendent dans les différentes parties du corps.

ramifiant de plus en plus, comme le font les racines d'un arbre : ce sont les *nerfs*.

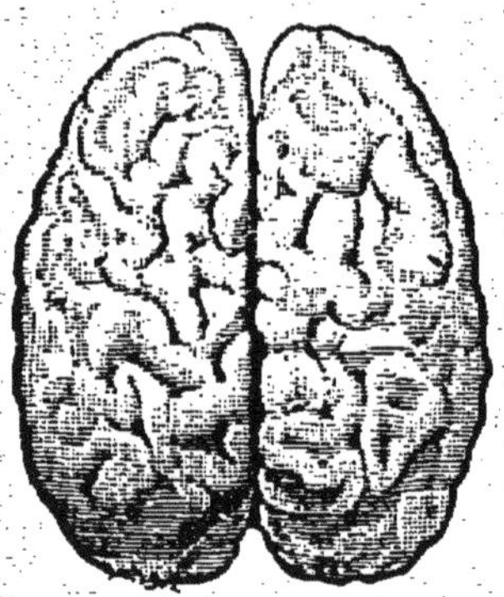 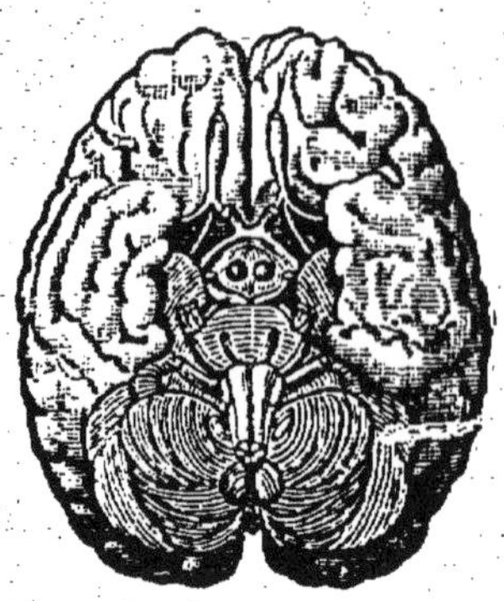

Le cerveau de l'homme vu par-dessus.   Le cerveau de l'homme vu par-dessous.

Les dernières ramifications des nerfs sont si ténues, qu'on ne peut les voir, perdues qu'elles sont dans la masse des muscles ; elles sont si nombreuses qu'il est impossible de toucher un endroit quelconque du corps avec la pointe d'une aiguille sans en rencontrer au moins une.

On peut donc dire que : *les nerfs font communiquer le cerveau avec les différentes parties du corps*.

La contraction des muscles se produit sous l'action excitatrice des nerfs. — Dans le cerveau réside la *volonté*. Lorsque vous *voulez* étendre le bras, le cerveau envoie, sans même que vous en ayez conscience, une excitation aux muscles du bras ; cette excitation se transmet le long des nerfs, arrive dans les muscles, qui se contractent aussitôt, et le mouvement est produit. Voilà comment s'effectuent tous nos mouvements *volontaires*.

Quant aux mouvements intérieurs du cœur, des intestins..., sur lesquels notre volonté n'a aucune action, ils ont lieu sous l'excitation de certains nerfs qui ne communiquent pas directement avec le cerveau.

Les sensations de plaisir et de douleur sont transmises au cerveau par l'intermédiaire des nerfs. — La peau, les muscles, sont *sensibles* au plaisir et à la douleur, grâce aux nerfs qui viennent s'y ramifier. Une main dans laquelle n'arriverait aucun nerf, ou dont les nerfs seraient *paralysés*, ne serait capable d'éprouver aucune *sensation* de douleur.

Lorsque vous vous piquez avec une pointe d'aiguille, certains filets nerveux sont atteints, et il en résulte une sensation de douleur. Mais le cerveau seul a la faculté d'avoir conscience de cette douleur. L'ébranlement qu'a éprouvé le filet nerveux piqué, a remonté le long du nerf jusqu'au cerveau : c'est seulement au moment où l'ébranlement est arrivé au cerveau que la douleur a été *ressentie*.

Les filets nerveux, le long desquels *remonte* l'ébranlement qui donne naissance à la douleur, ne sont pas les mêmes que les filets nerveux le long desquels *descend* l'excitation au mouvement : il y a, dans chaque partie du corps, des *nerfs sensitifs* et des *nerfs moteurs*.

Les sensations de la vue, de l'ouïe, de l'odorat et du goût sont transmises au cerveau par l'intermédiaire des nerfs. — Les *sens* sont les moyens que nous avons de nous mettre en relation avec les objets qui nous entourent.

Nous avons cinq sens.

Le sens du *toucher* nous permet de palper les objets ; il nous renseigne sur leur forme, leur poids, leur température. Toutes ces notions nous sont fournies par les nerfs sensitifs dont nous venons de parler ; ils éprouvent, en effet, des ébranlements différents, suivant que le corps touché est dur ou mou, lourd ou léger, froid ou chaud. Le toucher est surtout délicat dans la main, et plus particulièrement dans l'extrémité des doigts.

Le sens du *goût* réside dans la langue. Un nerf spécial, dit *nerf du goût*, vient se ramifier dans cet organe ; les impressions qu'il ressent de la part des mets et des boissons se transmettent au cerveau, et nous font éprouver les différentes sensations de *saveur* que vous connaissez.

Le sens de l'*odorat* réside dans le nez : il nous renseigne sur les *odeurs*. La sensation des odeurs nous est donnée par un nerf spécial, le *nerf de l'odorat*.

Le sens de l'*ouïe* nous renseigne sur les sons, le sens de la *vue* nous permet de voir les objets extérieurs. La partie essentielle du sens de l'ouïe est le *nerf de l'ouïe*, la partie essentielle du sens de la vue est le *nerf de la vue*.

Le nerf du goût, celui de l'odorat, celui de l'ouïe et celui de la vue, sont incapables de produire aucun mouvement, ou de ressentir aucune douleur. *Chacun d'eux ne peut nous faire éprouver que l'impression particulière du sens dont il porte le nom.* Si l'œil peut se mouvoir et souffrir, c'est qu'il renferme, outre le nerf de la vue, des nerfs moteurs et des nerfs sensitifs.

Les sens nous sont d'une grande utilité : vous figurez-vous quel serait le sort d'un malheureux enfant qui serait aveugle et sourd, et qui n'aurait non plus ni odorat, ni goût, ni toucher ?

Le cerveau est aussi le siège de l'intelligence. — Il résulte de ce que je viens de vous exposer que, dans le cerveau, réside la faculté de sentir le plaisir et la douleur, d'éprouver les impressions du goût, de l'odorat, de l'ouïe et de la vue ; du cerveau aussi dépendent nos mouvements. *Nerfs* et *muscles* ne sont donc que les serviteurs du *cerveau*.

C'est aussi le cerveau qui ordonne, qui a la *volonté*. Non seulement le cerveau produit la contraction des muscles, mais encore il produit cette contraction comme il le veut, de manière à déterminer le mouvement qu'il veut. En un mot, le cerveau est le pouvoir central.

Il est plus encore, car le siège de l'*intelligence* est dans le cerveau ; c'est par le cerveau que l'homme réfléchit et qu'il comprend.

Sensations, volonté, intelligence, tel est le lot du cerveau. C'est le premier de tous nos organes.

Quelques mots sur l'organe de l'ouïe. — Nous allons revenir, en quelques mots, sur deux de nos organes des sens, les plus importants.

Le sens de l'*ouïe* s'exerce par l'intermédiaire d'un organe fort complexe, *l'oreille*. La partie la plus importante de l'oreille est le *nerf de l'ouïe*, qui part du cerveau, et vient aboutir dans une portion de l'oreille que vous ne voyez pas, car elle est cachée dans les profondeurs de l'un des os du crâne. Cette partie interne de l'oreille est mise en communication avec l'extérieur par un conduit qui se termine, au dehors, par le *pavillon* de l'oreille. Entre le pavillon et l'oreille interne, le conduit est fermé par la *membrane du tympan*,

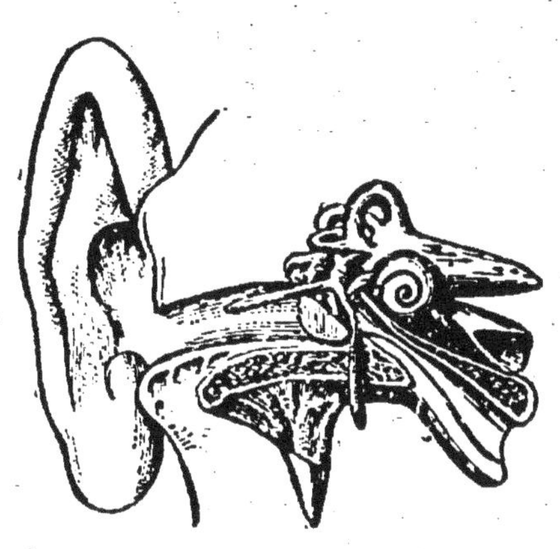

L'oreille de l'homme.

analogue à la peau d'un tambour. Derrière la membrane du tympan une série de tout petits os va jusqu'à l'oreille interne.

Les vibrations de l'air, produites par le son, arrivent sur le pavillon, elles sont renvoyées dans le conduit et viennent alors frapper le tympan. Cette membrane, ainsi mise en mouvement, communique les vibrations aux petits os, puis au nerf de l'ouïe, et de là au cerveau, qui ressent l'impression d'un bruit plus ou moins fort, d'une note plus grave ou plus aiguë.

Le conduit de l'oreille doit toujours être tenu dans un grand état de propreté; l'accumulation de la substance jaune qui s'y forme, rend l'ouïe plus dure.

Quelques mots sur l'organe de la vue. — Le sens de la *vue* s'exerce par l'intermédiaire de *l'œil*. La sensation de la *vision* des objets extérieurs est encore due, ici, à l'excitation d'un nerf spécial, le *nerf de la vue*.

L'œil est encore plus complexe que l'oreille. La lumière, partant des objets lumineux, entre dans l'œil par l'ouverture de la *pupille*, au centre de l'*iris* ou partie colorée de l'œil; elle traverse ensuite les substances transparentes qui remplissent le *globe* de l'œil, et vient former au fond de l'œil l'*image* des objets extérieurs.

C'est sur la *rétine* que se produit cette image. La rétine tapisse le fond du globe; elle est formée par l'ensemble des filets nerveux, très fins, qui constituent par leur réunion le nerf de la vue. La rétine est donc la partie la plus importante de l'œil; les images qui se peignent à sa surface lui communiquent une vibration qui, remontant jusqu'au cerveau, y détermine la sensation de la vision des objets extérieurs.

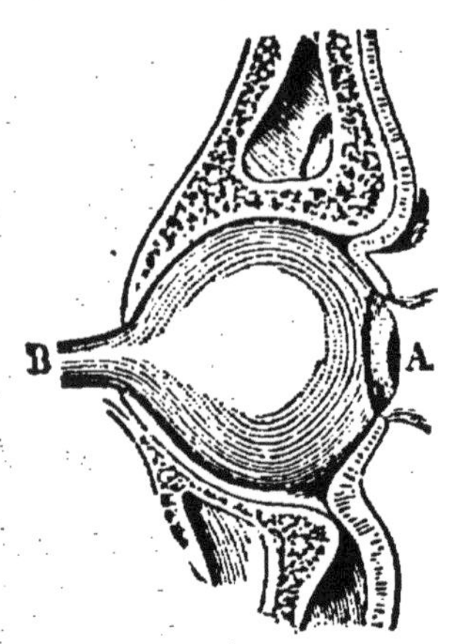

Le globe de l'œil de l'homme.

Ce globe est situé dans la cavité du crâne qu'on nomme l'orbite; il est protégé, devant, par les paupières.

A, Ouverture de la pupille, par laquelle entre la lumière — B, Nerf de la vue, qui entre dans l'œil par derrière, et s'étale à l'intérieur du globe pour former la rétine.

Aucun organe n'est plus délicat que l'œil : aussi est-il protégé par les paupières, qui s'abaissent à volonté au-devant de lui. Il ne faut jamais le surmener. Vous devez éviter de travailler à la lumière trop vive du soleil, dont l'éclat fatiguerait la vue. Le soir, vous ne lirez et n'écrirez jamais dans une demi-obscurité, qui serait tout aussi funeste, mais à la lumière d'une bonne lampe.

Vous savez que l'œil est sujet à de véritables infirmités. Certaines personnes ne voient distinctement que les objets situés très près : ce sont les *myopes*. D'autres, les *presbytes*, ne voient bien que les objets placés assez loin. On remédie en partie à ces deux défauts au moyen de *lunettes* convenablement choisies, qui ne sont pas les mêmes, bien entendu, pour les myopes et pour les presbytes.

Quelques mots sur l'organe de la voix. — L'organe de la *voix* est une dépendance de l'appareil de la respiration.

La trachée, qui fait communiquer le fond de la bouche avec les poumons, porte, à sa partie supérieure, un élargissement nommé *larynx*. Vous pouvez le sentir très aisément avec la main, sur le devant du cou. Dans le larynx sont tendues des peaux musculeuses qui en rétrécissent l'entrée ; on les nomme *cordes vocales*.

Lorsque l'on veut parler, on fait sortir l'air vivement des poumons. Cet air, passant sur les cordes vocales, assez fortement tendues, les fait vibrer à la manière de l'anche d'une clarinette et détermine la production de la voix.

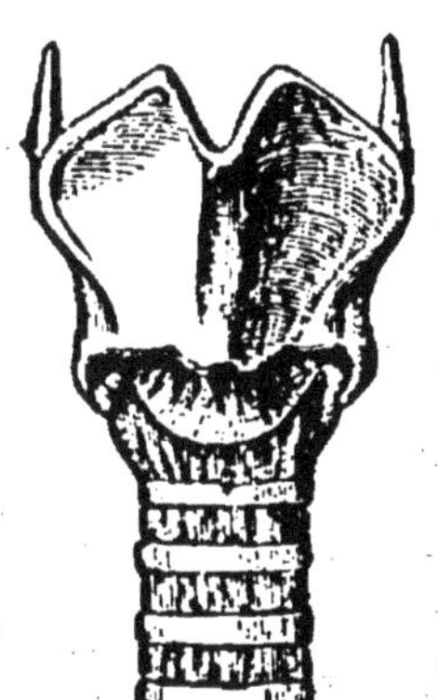

Le larynx de l'homme situé au fond de la bouche, à l'extrémité supérieure de la trachée.

Dans le larynx sont les replis membraneux ou cordes vocales, qui, par leurs vibrations, produisent la voix.

Observations. — 1° Il serait bon de montrer aux élèves une cervelle de mouton ou de lapin ; de leur faire remarquer, sur cette cervelle, l'origine de la moelle épinière et des différents nerfs de la tête. On leur montrera aussi l'œil d'un bœuf.

2° En dépouillant une grenouille devant les élèves, on leur fera voir deux nerfs qui se rendent dans les jambes, et qu'on trouve, à l'intérieur du tronc, le long de la colonne vertébrale.

3° Les bouchers ont l'habitude de couper en deux la colonne vertébrale des animaux qu'ils tuent ; montrer aux élèves, en passant devant l'étal, la moelle épinière ainsi mise à nu.

LES ANIMAUX.

I. — CLASSIFICATION DES ANIMAUX.

Tous les animaux ne se ressemblent pas entre eux. — Si vous jetez un coup d'œil sur les animaux si nombreux qu'on rencontre dans la campagne, vous verrez immédiatement qu'ils présentent entre eux de grandes différences.

Le cheval n'est pas semblable au lapin ; il ressemble encore bien moins au pigeon, à la carpe, à la grenouille. D'un autre côté, la mouche, l'escargot, le ver de terre, ne se ressemblent pas entre eux, pas plus qu'ils ne ressemblent aux autres animaux que je viens de citer.

Ces dissemblances ne portent pas seulement, du reste, sur l'apparence extérieure, la disposition des membres, la taille ou la couleur de l'animal. Les *organes* intérieurs, qui ont pour but d'entretenir la vie, diffèrent aussi d'une espèce à l'autre..

Maintenant que nous connaissons bien le corps de l'homme, nous allons étudier celui de toutes ces bêtes ; vous verrez que, en nous aidant de la comparaison, cela ne sera ni long ni difficile.

Il est nécessaire d'étudier les animaux dans un ordre méthodique. — Vous pensez bien que nous n'allons pas, dans cette étude nouvelle, passer successivement en revue tous les animaux qui vivent à la surface du globe. Ce serait là un travail au-dessus de nos forces. Nous nous occuperons seulement d'un petit nombre d'espèces convenablement choisies, et nous les prendrons l'une après l'autre, dans un ordre bien déterminé.

C'est qu'en effet les diverses espèces ne sont pas aussi éloignées les unes des autres que le sont, par exemple, le cheval et le ver de terre.

Considérez un cheval et un âne ; ils sont bien près d'être identiques l'un à l'autre. Ils ont aussi beaucoup de points communs avec le bœuf, avec le mouton, avec le chien. De même, les ressemblances sont nombreuses entre les divers oiseaux, entre les divers poissons, entre les divers insectes.

Notre premier soin sera donc de *classer* tous les animaux dans un ordre tel, que ceux qui se ressemblent le plus entre eux soient placés à côté les uns des autres. Nous aurons fait ainsi ce qu'on nomme la *classification* des animaux. La classification une fois établie, il suffira d'examiner attentivement un petit nombre de types pour les connaître tous.

Animaux à os et animaux sans os. — Les animaux que vous connaissez le mieux ont, comme l'homme, le corps soutenu par des *os*, qui forment, par leur ensemble, le

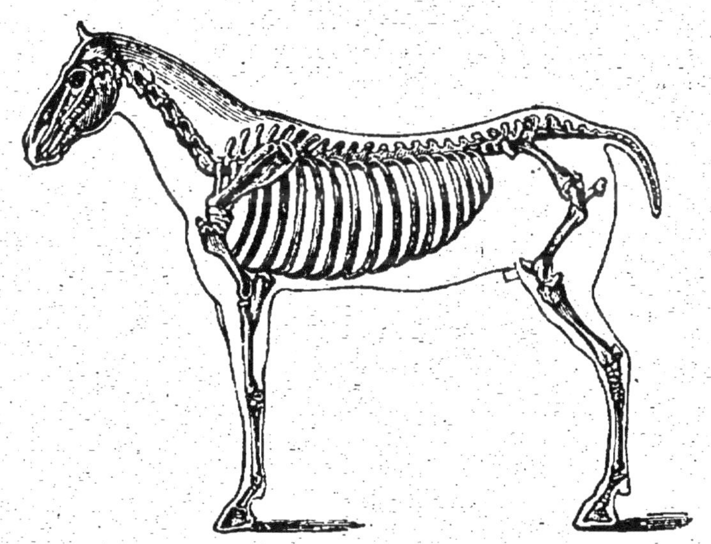

Toutes les parties du squelette de l'homme se retrouvent dans le squelette du cheval et de tous les animaux mammifères.

squelette : tels sont le cheval, le bœuf, les oiseaux, les poissons, les grenouilles, les serpents.

Ces animaux à os sont appelés animaux *vertébrés.*

parce que les vertèbres, qui constituent la colonne vertébrale, sont les plus importants de tous les os.

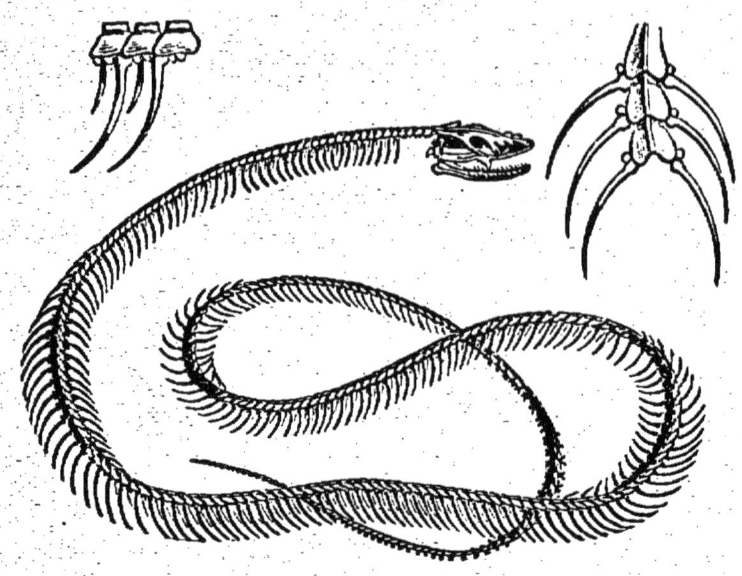

La couleuvre a aussi un squelette, mais ce squelette est incomplet, il n'a pas de membres. Il en est de même de tous les serpents.

Mais beaucoup d'autres animaux n'ont pas d'os. Les insectes n'ont pas d'os ; les vers, les sangsues, les limaces, n'en ont pas non plus. Les écrevisses ont bien le corps recouvert d'une enveloppe très dure, qui les protège contre les chocs ; mais cette enveloppe n'est pas formée par des os, c'est une sorte de peau. De même, la coquille de l'huître ou du colimaçon est une enveloppe protectrice, ce n'est pas un squelette formé d'os.

Les animaux sans os sont appelés *invertébrés*.

On divise les animaux invertébrés en trois grands groupes. — Les animaux invertébrés sont fort nombreux. Ils présentent des différences d'organisation intérieure beaucoup plus grandes que celles qui séparent les vertébrés entre eux, par exemple, le cheval, du serpent.

Aussi a-t-on encore divisé les invertébrés en trois grands groupes, qui sont :

1° Le groupe des *annelés*, renfermant les animaux sans os et dont la peau, plus ou moins dure, est composée d'anneaux qui sont comme emboîtés les uns dans les autres. Le hanneton, le cloporte, l'écrevisse,... sont des annelés;

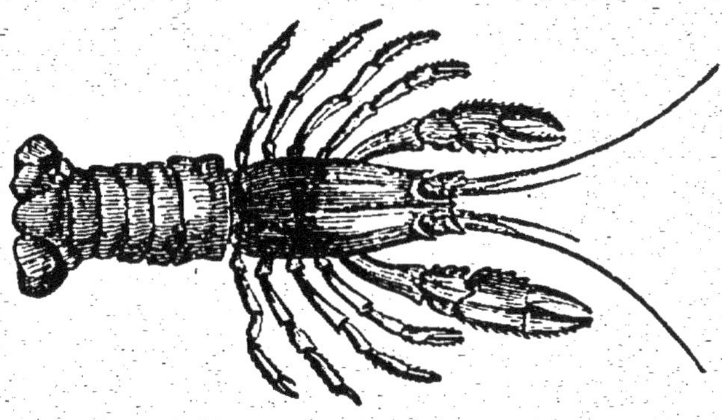

L'écrevisse est un annelé. Sa peau, très dure, est composée d'anneaux emboîtés les uns dans les autres. Elle n'a pas d'os.

2° Le groupe des *mollusques*, renfermant des animaux sans os, dont la peau n'est pas formée d'anneaux successifs. Parmi les mollusques, les uns sont entièrement nus,

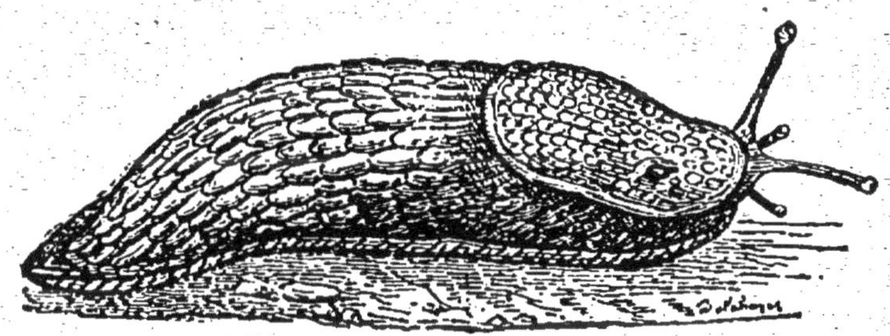

La limace est un mollusque sans coquille. Elle n'a pas d'os, sa peau est molle et non composée d'anneaux.

comme la limace, d'autres sont recouverts d'une coquille protectrice, comme la moule et l'escargot;

3° Le groupe des *zoophytes*, renfermant des animaux d'organisation plus simple, ressemblant même quelquefois à des fleurs. Ces animaux vous sont beaucoup moins connus que les précédents. Cependant, ceux d'entre vous

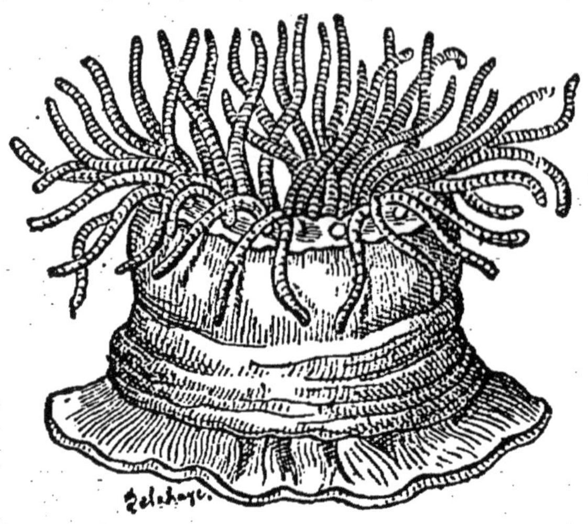

L'anémone de mer est un zoophyte; elle ressemble à une fleur.

qui habitent ou bien ont visité le bord de la mer en ont vu quelques-uns, tels que l'étoile de mer, le corail, la méduse.

Division des animaux en quatre embranchements. — Nous avons donc réuni tous les animaux en quatre grands groupes, ou, pour employer une expression plus scientifique, en quatre *embranchements*, qui portent les noms suivants :

1° *Vertébrés;*
2° *Annelés;*
3° *Mollusques;*
4° *Zoophytes.*

Nous allons examiner successivement chacun de ces embranchements. Vous verrez que toutes les espèces comprises dans un embranchement sont faciles à distinguer, au premier aspect, de toutes les autres : à la seule inspection d'un animal quelconque, vous devez pouvoir dire, immédiatement, si cet animal est un vertébré, un annelé, un mollusque ou un zoophyte.

Ainsi le cheval et la grenouille, si différents l'un de l'autre, sont deux vertébrés, car ils ont l'un et l'autre des os. De même, le cloporte et l'écrevisse sont deux annelés, car le corps de l'un, comme le corps de l'autre, est recouvert par des anneaux emboîtés.

II. — EMBRANCHEMENT DES VERTÉBRÉS.

Les divers organes des vertébrés ont une grande ressemblance avec ceux de l'homme. — Un cheval, un pigeon, un serpent, une grenouille, une carpe, ont un aspect général qui ne ressemble pas beaucoup à celui de l'homme; vous seriez donc tentés de croire que ces animaux n'ont entre eux ni avec nous presque aucun point commun. Mais, dès qu'on y regarde de près, on voit que les analogies sont, au contraire, fort nombreuses.

Dans tous les vertébrés on retrouve, en effet, tous les organes que nous avons étudiés dans l'homme, et servant aux mêmes usages; de telle sorte que vous connaissez, dès maintenant, sans vous en douter, l'organisation intérieure de tous les vertébrés presque aussi bien que celle de l'homme.

Ils ont tous un *canal digestif*, composé d'une bouche, par laquelle entrent les aliments; d'un estomac, dans lequel se fait la digestion; d'intestins, qui reçoivent les aliments digérés, et qui sont le siège de l'absorption.

Ils ont tous du *sang*, circulant dans des artères et des veines, sous l'impulsion d'un cœur musculaire capable de se contracter.

Ils ont tous besoin de *respirer* pour vivre. Les poissons eux-mêmes, qui vivent dans l'eau, meurent lorsqu'ils sont privés d'oxygène : leur organe de la respiration est cependant un peu différent des poumons, parce qu'il doit aller chercher l'air qui se trouve en dissolution dans l'eau.

Vous voyez que tous les organes de la *nutrition*, c'est-à-dire les organes qui concourent à nourrir le corps dans ses diverses parties, se retrouvent dans les vertébrés comme dans l'homme.

Les vertébrés possèdent aussi, comme nous, les cinq sens de la *vue*, de l'*ouïe*, du *goût*, de l'*odorat* et du *toucher*. Ils ont tous un cerveau et des nerfs, c'est-à-dire un *système nerveux*.

Enfin, ils ont tous des os constituant un *squelette* plus ou moins complet, plus ou moins semblable au nôtre, mais composé au moins d'un crâne et d'une colonne vertébrale. C'est même là, ne l'oubliez pas, le signe distinctif auquel on reconnaît immédiatement un vertébré : *un vertébré est un animal qui a des os, formant un squelette.*

Division des vertébrés en classes. — Tous les animaux vertébrés ont donc entre eux et avec l'homme un grand nombre de ressemblances. Mais je n'ai pas besoin de vous dire qu'ils ont aussi beaucoup de différences : vous n'avez, pour vous en convaincre, qu'à comparer un cheval et un poisson.

Aussi allons-nous faire pour les vertébrés ce que nous avons déjà fait pour l'ensemble des animaux. Nous allons les diviser en un certain nombre de groupes, dans chacun desquels nous placerons tous les vertébrés qui présentent entre eux les plus grandes analogies.

Ces groupes nouveaux, subdivisions de l'embranchement des vertébrés, portent le nom de *classes*.

L'embranchement des vertébrés est divisé en cinq classes, que vous connaissez toutes, et qui constituent :

1° Les mammifères ;

2° Les oiseaux ;

3° Les reptiles ;

4° Les batraciens ;

5° Les poissons.

Tout mammifère, tout oiseau, tout reptile, tout batracien, tout poisson, est un vertébré, et renferme par conséquent les organes que nous avons énumérés au paragraphe précédent. Mais un mammifère se distingue d'un reptile, ou un oiseau d'un poisson, par d'autres signes qu'il nous faut maintenant examiner.

Caractères distinctifs des mammifères. — Prenons le lapin comme exemple de *mammifère*; c'est un animal que vous connaissez parfaitement. Il est assez commun pour que chacun de vous puisse même en tuer un, l'ouvrir, et étudier ses organes intérieurs ; cela ne vous empêchera pas de le manger ensuite.

Le lapin est un mammifère. Il a des poils, quatre pattes, et des mamelles qui produisent du lait.

Examinons d'abord l'extérieur. Le lapin a la peau recouverte de poils, il a quatre pattes qui lui servent à mar-

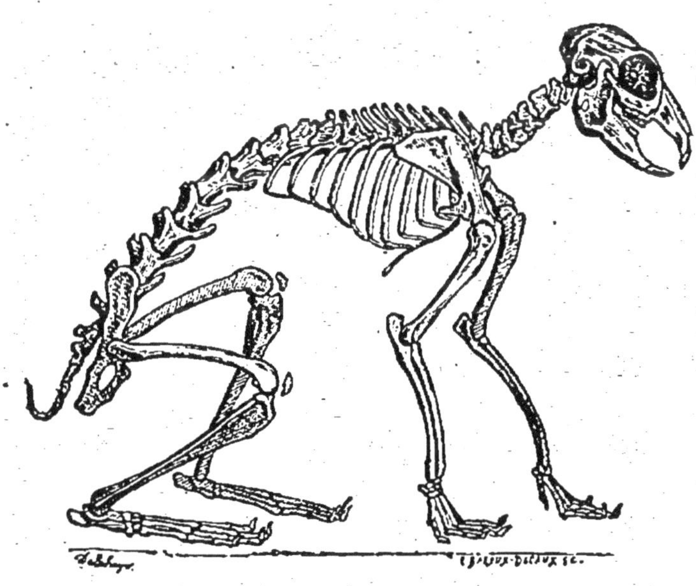

Le squelette du lapin est complet. Il comprend un crâne, une colonne vertébrale, des côtes et des membres.

cher. Il a, sous le ventre, des mamelles susceptibles de produire du lait : c'est que le lapin fait ses petits vivants, et qu'il les nourrit lui-même, pendant le premier âge, avec son lait.

Si nous regardons maintenant l'intérieur, nous verrons que le lapin a un squelette aussi complet que celui de l'homme, comprenant un crâne, une colonne vertébrale, des côtes et des membres. L'appareil de la digestion ren-

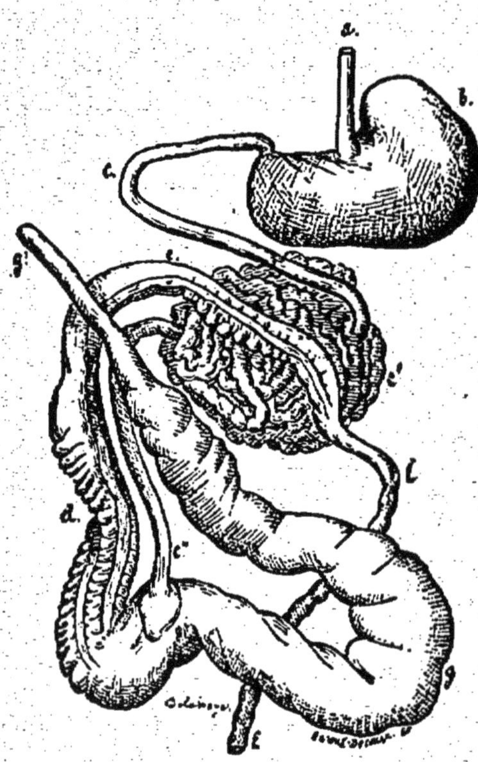

ferme, comme celui de l'homme, une bouche avec des dents, un œsophage, un estomac et des intestins; un foie et un pancréas versent dans l'intestin, comme chez nous, de la bile et du suc pancréatique destinés à compléter la digestion, commencée dans l'estomac sous l'action du suc gastrique.

Le sang du lapin est rouge comme le nôtre, et chaud comme le nôtre, même en hiver. Il circule, comme le nôtre, dans un système d'artères et de veines; un cœur à quatre cavités, deux ventricules et deux oreillettes, pousse le sang dans ces canaux.

L'appareil digestif du lapin comprend :

Une bouche avec des dents ; un œsophage *a* ; un estomac *b* ; l'intestin *c, d, e, f, g,* divisé en : l'intestin grêle, *c, c', c''* ; le gros intestin ou colon ascendant, *d* ; le colon transverse, *e* ; le rectum, *f, f'* ; le cœcum, *g, g'*.

A droite et à gauche du cœur du lapin sont situés les poumons, dans lesquels le sang se trouve en contact avec l'air venu de l'extérieur. La respiration du lapin se fait donc exactement comme la nôtre.

Dans le crâne du lapin est contenu le cerveau, dans la colonne vertébrale se trouve la moelle épinière; de là partent les nerfs, qui vont dans toutes les parties du corps. Le lapin, enfin, a un œil et une oreille semblables à notre œil et à notre oreille; il a, comme nous, le sens de l'odorat, le sens du goût et le sens du toucher.

Vous le voyez, le corps du lapin a les plus grandes analogies avec le corps de l'homme; pas un seul de nos organes ne lui manque.

Eh bien, tous les *mammifères* présentent les mêmes caractères distinctifs que le lapin; ils ne diffèrent les uns des autres que par la taille, la couleur, la plus ou moins grande abondance du poil, la forme des pieds.

Vous n'avez même pas besoin d'ouvrir un animal, ni de regarder ses organes intérieurs pour pouvoir affirmer que c'est un mammifère; il vous suffit de vous rappeler les caractères suivants :

Tout animal qui a la peau recouverte de poils, qui fait ses petits vivants et les nourrit avec le lait de ses mamelles est un mammifère.

Le nom de mammifère vient justement de ce que tous les animaux de cette classe ont des mamelles.

Caractères distinctifs des oiseaux. — Les *oiseaux* s'éloignent plus de nous que les mammifères. Prenons la poule pour exemple.

La poule a la peau couverte de plumes; elle a quatre membres, mais deux seulement lui servent à marcher ; les deux autres, au lieu d'être terminés par des pieds, sont garnis de plumes longues et fortes qui, frappant l'air avec vigueur, permettent à l'animal de voler.

La poule n'a pas de mamelles. Au lieu de faire des petits vivants, elle pond des œufs, qu'elle couve pendant un certain temps ; après l'éclosion, elle nourrit ses petits, non pas avec du lait, mais avec des aliments qu'elle va chercher au dehors, grains, insectes et vers.

Tout cela est bien différent de ce que nous avons observé chez les mammifères.

Petit poulet.

Le coq est un oiseau. Il a des plumes, des ailes. La poule n'a pas de mamelles
et pond des œufs.

A l'intérieur, nous remarquons un squelette complet,
comme le nôtre; mais la disposition des os est un peu différente de celle qu'on observe chez la plupart des mammifères. Les membres de devant, qui soutiennent les ailes,
ne ressemblent plus autant aux membres de derrière.

L'appareil de la digestion présente aussi quelques particularités. La bouche ne renferme plus de dents ; il y a deux
estomacs au lieu d'un, le *jabot* et le *gésier*. L'extrémité inférieure du canal digestif, ou *anus*, sert à la fois à expulser
les excréments et les urines.

Le sang de la poule est rouge et chaud, comme celui des
mammifères. Le cœur, les artères et les veines ont la même
disposition que chez les mammifères.

La respiration se fait encore par des poumons placés à
droite et à gauche du cœur; mais ces poumons ne sont pas
absolument semblables aux nôtres.

Le cerveau est toujours situé dans le crâne, la moelle épinière dans la colonne vertébrale; les nerfs partent du cerveau et de la moelle épinière.

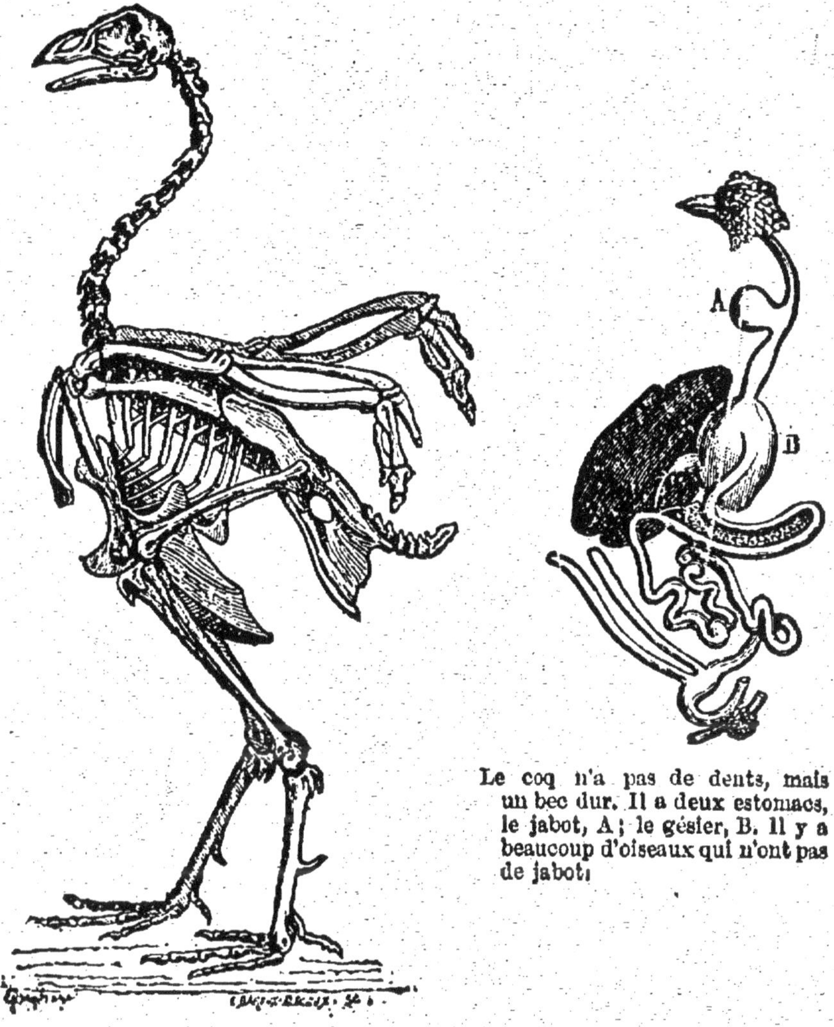

Le coq n'a pas de dents, mais un bec dur. Il a deux estomacs, le jabot, A; le gésier, B. Il y a beaucoup d'oiseaux qui n'ont pas de jabot.

Dans le squelette du coq, les membres de devant sont disposés en forme d'ailes. Il en est de même dans tous les oiseaux.

L'œil ne diffère pas beaucoup du nôtre; mais l'oreille est déjà un peu plus simple, puisqu'on n'y remarque plus le pavillon; elle communique simplement avec le dehors par une ouverture cachée sous les plumes. Le sens du goût, celui de l'odorat et celui du toucher sont moins développés.

Tout animal qui a la peau recouverte de plumes, dont les membres de devant sont transformés en ailes, qui pond des œufs destinés à produire des petits, est un oiseau.

Caractères distinctifs des reptiles. — Les *reptiles* se ressemblent moins entre eux que ne le font les mammifères ou les oiseaux. Les lézards, qui ont quatre membres, les tortues qui ont encore quatre membres, et dont le corps est recouvert d'une carapace, les serpents, qui n'ont pas de membres, sont, en effet, les uns et les autres des reptiles.

Mais, à part ces différences de forme, les lézards, les tortues et les serpents ont de grandes analogies.

A l'extérieur, leur peau ne possède ni poils ni plumes, mais des écailles soudées les unes aux autres, comme vous pouvez vous en convaincre en considérant un lézard ou une couleuvre. Ils n'ont pas de mamelles, car ils ne nourrissent pas leurs petits avec du lait; comme les oiseaux, ils pondent des œufs, qui éclosent sous l'influence de la chaleur du soleil.

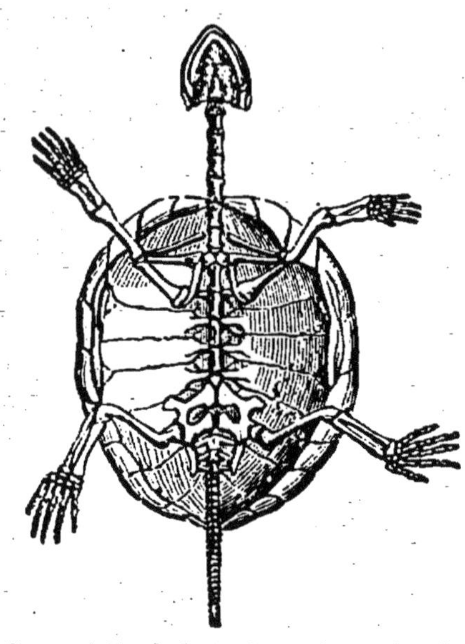

Le squelette de la tortue est complet. La colonne vertébrale et les côtes sont collées sous la carapace. — Les reptiles n'ont pas de mamelles, ils pondent des œufs ; ils n'ont ni poils ni plumes.

A l'intérieur, les reptiles possèdent un canal digestif analogue au nôtre.

Leur sang est rouge, mais froid. Le corps des reptiles, au lieu d'être toujours chaud, comme celui des hommes, des mammifères et des oiseaux, est souvent froid : il suit les variations de la température extérieure. Aussi appelle-t-on les reptiles *animaux à sang froid*, tandis que les mammifères et les oiseaux sont des *animaux à sang chaud*.

De plus, le cœur des reptiles n'a que trois cavités, au lieu de quatre, deux oreillettes et un seul ventricule. Le ventricule unique envoie le sang à la fois dans les poumons et dans les diverses parties du corps.

La respiration des reptiles est peu active. Respirant peu, ils produisent peu de chaleur : c'est pour cela que leur température ne dépasse jamais beaucoup la température extérieure.

Les reptiles ont un squelette; mais ce squelette est souvent privé de membres : il se compose alors seulement, comme cela a lieu chez les serpents, d'un crâne, d'une colonne vertébrale et des côtes.

Retenez donc bien qu'on reconnaît les reptiles aux caractères suivants :

Tout animal vertébré à sang froid ne vivant pas dans l'eau, mais dans l'air, dont la peau est recouverte d'écailles soudées les unes aux autres, est un reptile.

Caractères distinctifs des poissons. — La première chose à vous dire, en parlant des *poissons*, c'est que ces animaux sont disposés pour vivre dans l'eau. Au lieu de membres qui leur permettent de marcher ou de voler, ils ont des nageoires, avec lesquelles ils avancent dans l'eau.

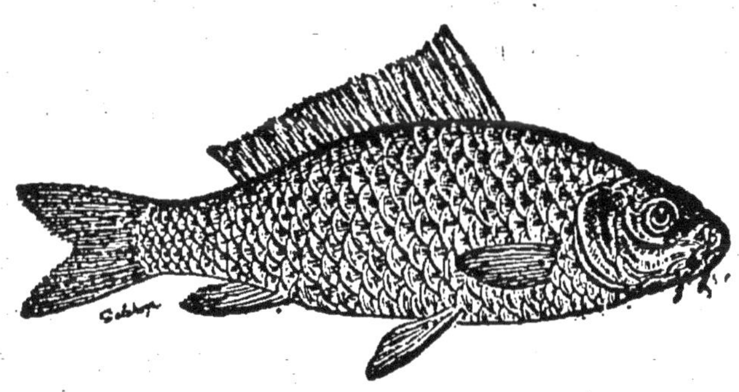

La carpe. — Les poissons vivent dans l'eau ; ils ont la peau couverte d'écailles.
Ils pondent des œufs.

Leur peau est généralement recouverte d'écailles non soudées les unes aux autres.

Ils ont un canal digestif analogue au nôtre. Leur sang

5.

est froid, comme celui des reptiles; leur cœur n'a qu'une seule oreillette et un seul ventricule.

Ils ne respirent pas au moyen de poumons, mais au moyen d'organes un peu différents, qu'on nomme des *branchies*. Regardez sous les ouïes de cette carpe : vous y voyez des filaments rouges, disposés en forme de dents de peigne. Ces filaments sont les branchies; ils sont constamment baignés par l'eau qui entre par la bouche et sort par les ouïes. Dans cette eau se trouve de l'air en dissolution; les

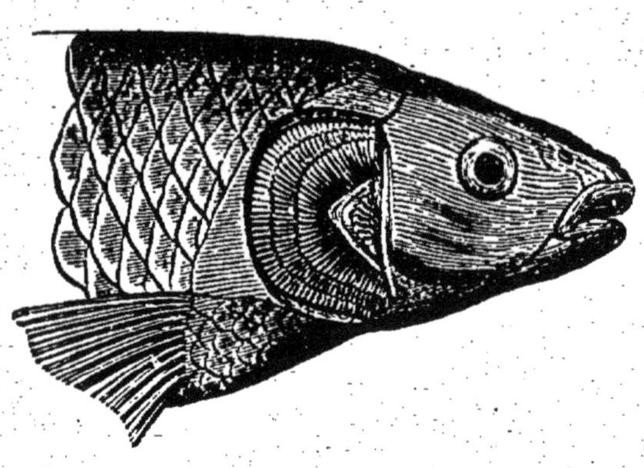

Tête de carpe. — Les poissons respirent par des branchies; ces organes retirent l'air en dissolution dans l'eau qui les baigne.

filaments isolent cet air, qui passe dans le sang, envoyé par le cœur dans les branchies. Les branchies sont donc les poumons des poissons, c'est-à-dire les organes dans lesquels l'air se trouve en contact avec le sang.

Les poissons n'ont pas de mamelles; ils pondent des œufs, desquels ensuite sortent les petits.

De même que les reptiles, les poissons ont les organes des sens peu développés; ils voient et entendent assez bien, mais le goût, l'odorat et le toucher n'ont pas une grande sensibilité. Leur cerveau est petit, et, par suite, leur intelligence très faible.

En somme, les poissons sont aisés à reconnaître :

Tout animal vertébré disposé pour vivre dans l'eau, et respirant au moyen de branchies, est un poisson.

Caractères distinctifs des batraciens. — Les *batraciens* sont les plus singuliers des vertébrés. Ils sont surtout remarquables parce qu'ils changent de forme dans le cours de leur existence : ce changement de forme a reçu le nom de *métamorphose*.

Regardez ce *têtard*, pêché dans une mare. C'est un véritable poisson : il vit dans l'eau, il respire par des bran-

Les métamorphoses de la grenouille.

Quand le têtard se change en grenouille, il perd les branchies, qui lui permettaient de respirer dans l'eau, et prend des poumons, avec lesquels il ne respirera plus que dans l'air.

chies, il a toute l'organisation intérieure d'un poisson. Mais en grandissant il changera de forme ; sa queue tom-

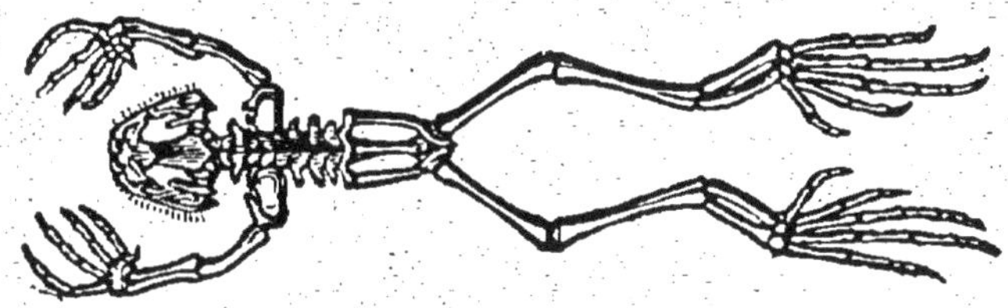

Le squelette de la grenouille est incomplet ; il n'y a pas de côtes.

bera, il lui poussera des pattes : *il se changera peu à peu en grenouille.*

Quand la métamorphose sera complète, ses branchies auront disparu, et il possédera des poumons ; il sera devenu incapable de respirer dans l'eau, mais il respirera dans l'air. Il ressemblera alors complètement à un reptile.

C'est à ces caractères qu'on reconnaît les batraciens :

Tout animal à sang froid qui a dans son jeune âge l'organisation d'un poisson, et plus tard l'organisation d'un reptile, est un batracien.

III. — CLASSE DES MAMMIFÈRES.

Tous les mammifères ne se ressemblent pas entre eux. — Nous avons donné, plus haut, les caractères distinctifs des mammifères. Nous avons vu que tous ces animaux ont entre eux la plus grande ressemblance, surtout dans leurs organes intérieurs.

Mais cependant ils diffèrent beaucoup les uns des autres par l'aspect extérieur, par la couleur, par la taille, par la manière de vivre et aussi par les détails de l'appareil digestif. Vous concevez bien, en effet, que l'animal qui se nourrit de viande ne puisse pas avoir exactement les mêmes dents, le même estomac, les mêmes intestins, que celui qui se nourrit d'herbes. Celui qui vit des produits de sa chasse doit avoir à sa disposition les moyens de saisir sa proie et de la dévorer : il aura des griffes puissantes, des dents aiguës et une grande force. Au contraire, l'animal timide qui se contente de tondre l'herbe des champs n'aura pas besoin de griffes ; mais il devra être très agile, pour échapper par la fuite aux animaux chasseurs qui le guettent et le poursuivent.

Nous allons maintenant indiquer ces caractères secondaires qui permettent de distinguer les mammifères les uns des autres. Nous dirons quelle est la taille de chacun, son aspect, sa manière de vivre ; nous nous attacherons de préférence aux mammifères qui habitent la France, en insistant sur ceux qui sont nuisibles ou utiles.

Mammifères à quatre mains ou singes. — Les *singes* sont des animaux des pays chauds ; on ne les rencontre pas en Europe à l'état de liberté.

On les reconnaît à ce caractère, qu'ils ont quatre mains. Comparez votre pied à votre main. Vous voyez de suite que votre main est susceptible de saisir les objets, tandis que votre pied ne peut pas le faire ; cela tient surtout à ce que, dans la main, le pouce peut se placer en face des autres doigts, tandis que dans le pied il est sur la même ligne.

Le singe a quatre mains, c'est-à-dire qu'à ses quatre membres le pouce est opposable aux autres doigts.

Eh bien, les singes ont, aux quatre membres, un pouce qui peut se placer en face des doigts : avec les membres de derrière ils peuvent tout aussi bien saisir les objets qu'avec ceux de devant. Ils ont, en un mot, quatre mains susceptibles de saisir les objets; c'est cette particularité qui les fait désigner sous le nom de *quadrumanes*, qui signifie *animaux à quatre mains*.

Ce sont des animaux essentiellement organisés pour grimper; ils vivent dans les forêts les plus sombres, et se construisent sur les arbres de véritables huttes.

Parmi les singes, quelques-uns ressemblent beaucoup à l'homme : ce sont principalement l'*orang-outang* de l'Asie, le *chimpanzé* et le *gorille* de l'Afrique.

Le gorille atteint et dépasse la taille de l'homme; il marche souvent en s'appuyant seulement, comme nous, sur ses membres inférieurs. Sa force est prodigieuse, et son courage est très grand : aussi est-ce un animal redoutable.

La femelle met bas un ou deux petits, qu'elle allaite en les entourant des soins les plus tendres, et en les défendant contre toutes les attaques.

L'intelligence des singes est remarquable; ils se réunissent souvent en bandes, obéissant aux plus robustes. Les uns vivent de fruits, les autres d'insectes : c'est surtout dans la recherche de leur nourriture qu'ils développent toutes les ressources de leur esprit.

D'autres singes, plus petits, tels que les *sapajous* et les

Le gorille est le plus gros des singes. — Hauteur : 2 mètres.

L'ouistiti n'a pas la forme de l'homme. Il est petit. — Longueur : 20 centimètres.

ouistitis ressemblent beaucoup moins à l'homme; en grimpant aux arbres ils se servent non seulement de leurs quatre mains, mais encore de leur queue, avec laquelle ils se suspendent aux branches.

Mammifères ailés ou chauves-souris. — La *chauve-souris* ressemble à un oiseau ; et pourtant c'est bien un mam-

La chauve-souris est un mammifère. C'est un animal utile, car il détruit beaucoup d'insectes nocturnes. — Longueur de la chauve-souris de France : 6 centimètres.

mifère. Elle a, en effet, des mamelles, elle fait ses petits vivants, et elle les nourrit de son lait. Ses ailes, du reste, ne sont pas constituées par des plumes, mais par des peaux couvertes de poils, tendues entre les doigts des membres antérieurs, doigts qui sont très allongés; ces peaux s'étendent jusqu'aux membres postérieurs.

Les chauves-souris que nous voyons en France sont toutes de petites dimensions; certaines espèces asiatiques dépassent 1 mètre d'envergure.

Les chauves-souris marchent difficilement, mais elles volent aussi bien que les oiseaux. Leurs habitudes sont tout à fait nocturnes ; pendant le jour et durant tout l'hiver, elles se suspendent par les pieds de derrière dans les endroits obscurs, dans les carrières, dans les arbres creux des forêts, et y restent engourdies. Elles ne paraissent qu'au crépuscule, et donnent alors la chasse aux insectes qui forment leur nourriture.

Ce sont des animaux très utiles; nous devons donc les protéger, malgré le vieux préjugé qui leur fait généralement livrer une guerre injuste et acharnée. Les chauves-souris vivent, en effet, des insectes les plus nuisibles, tels que papillons de nuit, phalènes, hannetons, cousins, moustiques. Aucun autre animal insectivore ne peut suppléer aux services que rendent les chauves-souris : car elles saisissent au vol des insectes qui, sans elles, échapperaient à toute destruction.

Mammifères insectivores. — D'autres mammifères, non pourvus d'ailes, sont utiles à l'agriculture par la guerre qu'ils font aussi aux insectes : ce sont les mammifères *insectivores*. Ces animaux ne diffèrent de la chauve-souris que par l'absence d'ailes; ils ont, comme celle-ci, des dents munies de pointes aiguës propres à briser les insectes dont ils se nourrissent.

Parmi les insectivores, vous connaissez tous le *hérisson*, la *taupe*, la *musaraigne*. Ces animaux détruisent les insectes qui vivent sur terre, tandis que la chauve-souris poursuit les insectes ailés. Ne chassez donc jamais le hérisson, ni la taupe, ni la musaraigne, pas plus que la chauve-souris.

Le *hérisson* est un animal essentiellement utile; il se nourrit exclusivement d'animaux malfaisants, tels que les souris, les mulots, les vers, les insectes et même les chenilles. Il n'a pas l'allure dégagée, mais il sait cependant atteindre ses ennemis, qui sont en même temps les nôtres. Il habite les bois, les haies, les vergers,

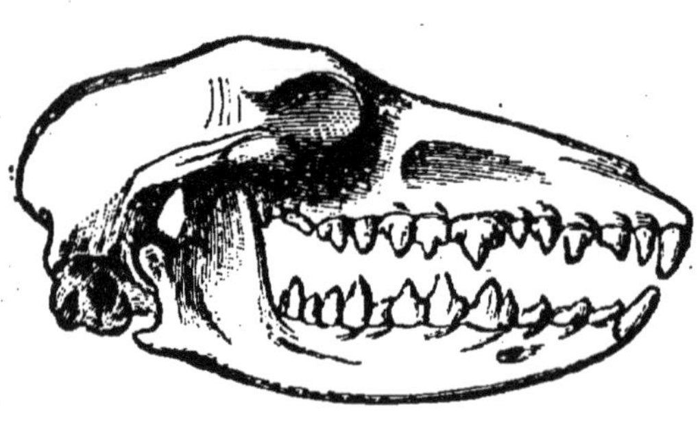

Les dents du hérisson sont munies de pointes aiguës, propres à broyer les insectes. La chauve-souris et tous les mammifères insectivores ont des dents de la même forme.

et passe l'hiver dans un engourdissement complet. Pendant la nuit, il cherche sa nourriture ; le jour, il reste blotti dans une immobilité complète au fond d'un trou, sous une racine ou au milieu des pierres.

Le hérisson est remarquable par sa peau armée de piquants. Cette peau armée recouvre toute la partie supérieure de son corps ; quand il est attaqué, il se roule en boule et se met ainsi à l'abri des attaques de ses ennemis.

La *musaraigne* est le plus petit des mammifères ; elle ressemble à la souris ; mais elle s'en distingue par son museau pointu et ses allures beaucoup moins vives. Il

La musaraigne, le plus petit des mammifères, se distingue de la souris par son museau pointu. Grand destructeur d'insectes. — Longueur : 6 centimètres.

importe de savoir distinguer la souris, animal malfaisant, qu'il faut pourchasser, de la musaraigne, insectivore fort utile, grand destructeur d'insectes nuisibles. Les musaraignes restent cachées pendant le jour, et se mettent pendant la nuit en quête de leur nourriture.

La *taupe* elle-même, à tort détestée dans les campagnes, nous rend de grands services et doit être respectée. Sans cesse occupée à fouir la terre avec ses larges pattes de devant, pour y chercher sa nourriture, elle mange uniquement des vers de terre, des vers blancs, des milliers de chenilles et d'insectes qui attaquent nos récoltes.

Lourdes et presque incapables de marcher à la surface du sol, les taupes creusent au contraire leurs galeries souterraines avec une facilité remarquable. Elles les ouvrent avec leurs pattes de devant et leur museau pointu ; elles rejettent au dehors la terre qui provient de leurs affouillements et forment ainsi les petits monticules qu'on appelle des *taupinières*.

La taupe commet certainement des dégâts en bouleversant les racines des plantes; mais ces dégâts ne sont pas comparables au mal que ferait la vermine dont elle nous débarrasse chaque jour.

Mammifères carnivores. — Les mammifères *carnivores* sont ceux qui se nourrissent de viande; ils font la chasse aux autres mammifères, aux oiseaux, ou même aux poissons. Parmi les carnivores se trouvent nos plus cruels ennemis; peu d'entre eux nous sont directement utiles. Ils ne sont même pas bons à manger, et nous n'employons, le plus souvent, que leur peau à notre usage. Nous avons donc bien des raisons pour leur faire la chasse.

Votre *chat* vous présente le type le plus accompli des carnivores. Remarquez comme il sait ramper avec souplesse, attendre avec patience, bondir avec agilité: ne sont-ce pas là les qualités dont il a besoin pour guetter sa proie, la surprendre et la saisir?

Puis, dès qu'il la tient, voyez comme il sort ses griffes puissantes, desquelles le pauvre petit animal ne se tirera pas. Ces griffes sont toujours aiguës; quand le chat marche sur le sol, il les rentre entre ses doigts, de peur qu'elles ne s'usent et ne s'émoussent.

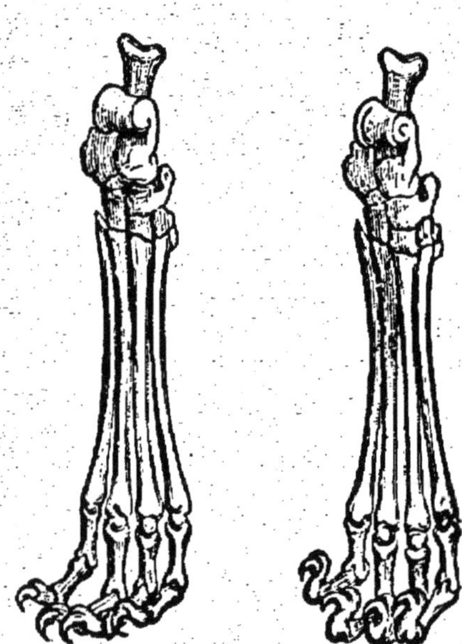

Les griffes du chat et celles de beaucoup d'autres carnivores sont aiguës et cachées entre les doigts. L'animal les sort quand il veut saisir sa proie.

Et quelles dents il possède pour déchirer sa proie palpitante! Quatre canines longues et aiguës, destinées à entrer dans les chairs et à les déchirer en lambeaux, puis des molaires tranchantes, avec lesquelles il déchiquetera sa bouchée avant de l'avaler. Et, au service de tout cela, une force musculaire considérable relativement à la taille de l'animal.

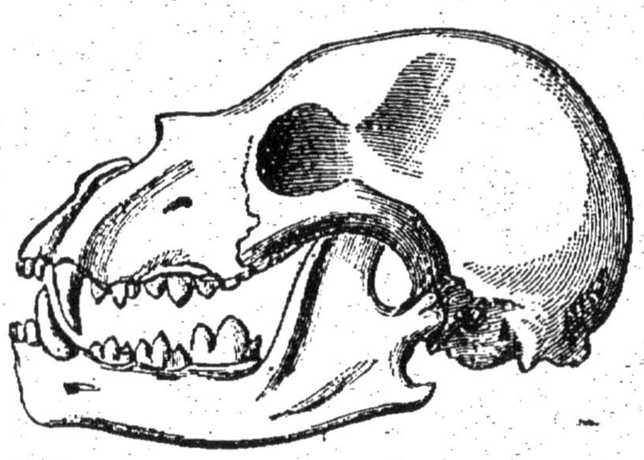

Le chat et les autres vertébrés carnivores ont de puissantes canines pour déchirer leur proie, et des molaires tranchantes pour la couper.

Tous les carnivores ressemblent, plus ou moins, au chat. Ils en ont, à un degré plus ou moins grand, la force, l'agilité, la souplesse, la patience. Ils possèdent les mêmes armes que lui, griffes et dents.

Le lion est le plus gros et le plus fort des carnivores. — Hauteur : 1 mètre; longueur : 2^m,50 à 3 mètres.

Voyez d'abord les carnivores qui ressemblent le plus au chat. Le *lion*, assez fort pour emporter un veau dans sa gueule, et pour tuer un homme d'un coup de griffe, ne se

rencontre que dans les pays chauds, en Asie et en Afrique :
il attaque rarement l'homme ; mais c'est un grand destructeur de bétail.

Le *tigre*, presque aussi fort que le lion, a une peau à
rayures jaunes qui en fait le plus beau des mammifères. Il
ne vit qu'en Asie. Il est plus féroce encore que le lion, et
par conséquent plus à craindre : c'est le fléau des Indes
anglaises.

Le *jaguar*, ou tigre d'Amérique, la *panthère*, répandue
surtout en Afrique, le *léopard* d'Afrique, le *couguar*
d'Amérique, le *lynx* d'Europe, sont plus petits, mais
presque aussi redoutables que le lion et le tigre.

Le *chien* est encore un mammifère carnivore ; ses griffes
sont moins puissantes que celles du chat, et surtout moins
effilées, ses dents sont moins aiguës. Je n'ai pas besoin de
vous dire quels services nous rend ce fidèle animal, le
meilleur ami de l'homme.

Mais à côté du chien, et lui ressemblant beaucoup, se
trouvent des ennemis : le *chacal*, le *renard*, le *loup*.

Le *chacal* vit en troupes nombreuses en Asie et en
Afrique.

Le *renard* est très abondant en France ; il est d'assez
petite taille, reconnaissable à sa queue longue et touffue,

Le renard ravage nos basses-cours et détruit le gibier.— Hauteur : 40 centimètres.

à son museau pointu. Il habite les forêts, à peu de distance des fermes, où il sait trouver toujours une proie facile. Il se creuse des terriers, dans lesquels il se retire
quand quelque danger le menace. Le renard est extrême-

ment rusé : il se nourrit de volailles, qu'il va chercher pendant la nuit dans les habitations voisines. Il tue tout ce qu'il ne peut pas manger et l'emporte dans son terrier. Dans les forêts, il détruit les lièvres, les lapins, les perdrix, les faisans et même quelquefois de jeunes chevreuils. C'est donc un animal fort nuisible.

Le *loup* est le plus grand des carnassiers de nos forêts. Il est plus gros que le chien. La force de ses mâchoires est considérable, de même que la vigueur de ses membres ; de plus, sa vue est perçante, son odorat et son ouïe sont d'une extrême finesse. Avec de semblables avantages, le loup serait un animal des plus redoutables, si son courage et son audace répondaient à sa force. Dans les forêts, il chasse les chevreuils, les lièvres, les lapins. Lorsque le gibier

Le loup est le plus grand des carnassiers de nos forêts. — Hauteur : 80 centimètres.

lui fait défaut, principalement en hiver, il quitte souvent les bois, pénètre jusque dans les villages et se jette sur tous les animaux domestiques, chevaux, vaches, moutons, qu'il égorge et dévore. Pour s'attaquer à l'homme, il faut qu'il soit affamé par un jeûne prolongé.

L'*ours* diffère du chat et du chien : c'est un grand animal au corps trapu. Il se nourrit aussi bien de végétaux que d'animaux : il aime les racines et les fruits, mais il a une préférence marquée pour le miel.

On connaît plusieurs espèces d'ours. L'*ours brun d'Europe* se rencontre dans les Alpes et dans les Pyrénées ; il est très fort, mais il n'attaque l'homme que lorsqu'il est provoqué : alors il est très dangereux. Sa chair est très bonne à manger.

L'*ours blanc*, plus gros, se rencontre dans les contrées glacées. Il vit de chasse, nage et plonge avec facilité; il poursuit sous l'eau les poissons et les phoques.

La fourrure de l'ours, et principalement celle de l'ours blanc, est très estimée et se vend toujours à un prix élevé.

Le *blaireau*, assez commun en France, a beaucoup de ressemblance avec l'ours, quoiqu'il soit bien plus petit. Il se creuse un terrier comme le renard; il n'en sort que la nuit pour aller chercher sa nourriture; mais ses jambes fort courtes et son peu d'agilité ne lui permettent pas de s'en éloigner beaucoup. Le blaireau détruit nombre de mulots; il mange des hannetons et divers autres insectes, et, à ce titre, il devrait être considéré comme un animal utile. Mais fort souvent, ce gibier lui manquant, il s'attaque aux récoltes, principalement au maïs et au raisin : alors il engloutit en quelques heures une masse incroyable d'aliments. C'est pour cela qu'on lui fait la guerre, et l'on n'a pas tort. Son poil sert à la confection des pinceaux.

Mais nous n'avons pas encore parlé des carnivores les plus nuisibles de nos contrées.

Ce sont les *loutres*, les *martes*, les *putois*, les *furets*, les *belettes*, les *fouines*. Ces petites bêtes ont le corps très allongé, la queue généralement touffue; elles grimpent aux arbres avec la plus grande agilité, et se faufilent par les plus petites ouvertures. Elles font une chasse ardente aux rats, aux mulots, aux reptiles, mais s'attaquent encore plus volontiers aux oiseaux. Quand elles pénètrent dans nos basses-cours, elles détruisent en peu de temps volailles et lapins, dont elles se plaisent à boire le sang.

La fourrure de ces petits carnassiers est très estimée, surtout quand elle provient des pays froids. On fait en Sibérie et au Canada un commerce considérable de ces fourrures; la peau d'une marte de Sibérie vaut jusqu'à 300 francs.

La *loutre* est peu répandue en France; elle se tient constamment au bord des rivières et des étangs. Elle nage et plonge avec facilité et attrape aisément les poissons qui constituent sa nourriture : elle en fait une telle consommation, qu'elle dépeuple rapidement les cours d'eau et les étangs.

La *marte* est, comme la loutre, d'assez belle taille. On la rencontre seulement dans les grandes forêts, car elle ne s'approche jamais des habitations. Elle mange les lièvres, les lapins, les oiseaux et les œufs.

La *fouine*, un peu plus petite, est très commune en France, et se tient toujours dans le voisinage des habitations. C'est le plus terrible ennemi des basses-cours.

Le *putois* a les mêmes habitudes; il détruit aussi beaucoup de gibier.

La belette, grosse comme un rat, s'attaque même aux lapins.

La *belette*, grosse comme un rat, ne fait pas pour cela moins de ravages. Elle s'attaque même aux lapins, beaucoup plus gros qu'elle; elle les fait périr en suçant leur sang.

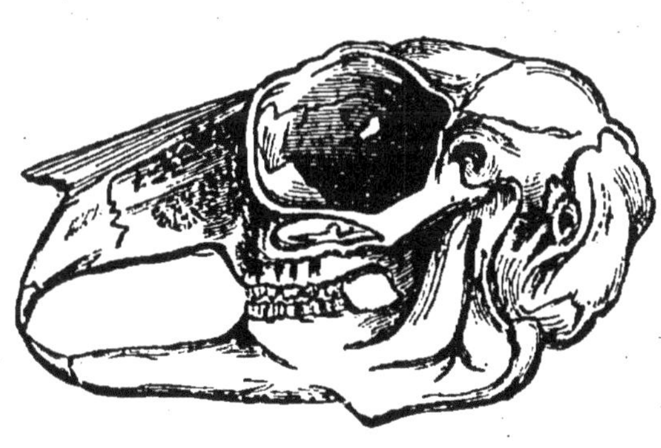

Le lapin et les autres rongeurs ont des incisives taillées en biseau, pas de canines, et des molaires plates.

Mammifères rongeurs. — Les mammifères dont il nous reste à parler sont des *herbivores*, c'est-à-dire des animaux qui se nourrissent de végétaux.

Nous nous occuperons d'abord des *rongeurs*, parmi lesquels se rencontrent quelques espèces utiles, mais plus encore d'espèces nuisibles.

Les rongeurs se distinguent des autres mammifères par la disposition de leurs dents. Voyez cette tête de lapin. Sur le devant vous y remarquez quatre incisives fortes, longues, arquées, taillées en biseau à leur extrémité. Ces incisives ne peuvent guère saisir une proie vivante, ni déchirer de la chair; elles ne peuvent pas même couper les aliments, mais elles sont admirablement disposées pour les limer, par un travail continu, pour les *ronger*, en un mot.

Ces dents, qui s'usent constamment en rongeant, repoussent sans cesse, comme le font vos ongles, et, par le fait de l'usage, elles s'aiguisent d'elles-mêmes.

De chaque côté de la bouche, près des incisives, se trouve un grand vide : les rongeurs n'ont pas de canines. Puis viennent les molaires à couronne large et plate. Cette disposition est favorable au broiement des aliments dont se nourrissent les rongeurs : la surface de leurs molaires est semblable à celle d'une meule.

Les rongeurs sont très répandus dans toutes les parties du globe; leur taille est généralement petite. Ils rongent toutes les substances végétales qu'ils rencontrent, les grains, les herbes, le bois. La plupart se creusent des terriers ou se bâtissent des huttes; c'est dans ces abris qu'ils passent l'hiver, dans une sorte de sommeil non interrompu. Ceux qui ne s'endorment pas amassent des provisions pour passer tranquillement la mauvaise saison à l'abri du besoin.

Énumérons les principaux rongeurs.

Le *lièvre* est un des gibiers les plus répandus en France. Son pelage et sa grosseur varient suivant les climats. Il est spécialement conformé pour la course; ses jambes de derrière, fortement musclées et beaucoup plus longues que celles de devant, lui permettent de faire des bonds considérables et de distancer les chiens les plus rapides. Le lièvre se nourrit des feuilles des végétaux agricoles, potagers et forestiers, qu'il broute de très près. Quelquefois, dans les mois rigoureux, il s'attaque à l'écorce des arbres, qu'il ronge à la base. Il causerait de sérieux dommages si les chasseurs ne mettaient obstacle à sa multiplication. De plus, les renards, les chats, les belettes et les oiseaux de proie lui font une guerre acharnée.

Cet animal est doué d'une grande fécondité, puisque la femelle peut faire chaque année quatre portées de trois à quatre levrauts. La chair du lièvre est estimée, son poil sert à faire le feutre des chapeaux.

Le *lapin* domestique dépasse souvent le lièvre en grosseur; il est une grande ressource pour l'alimentation des campagnes. Le lapin sauvage est, au contraire, beaucoup plus petit que le lièvre. Il vit dans des terriers; mais il en sort fréquemment pour s'ébattre aux alentours et chercher sa nourriture.

Cet animal fait de grands dégâts dans les cultures et dans les forêts. Aussi est-il rangé parmi les animaux nuisibles, et sa destruction est-elle autorisée toute l'année, même pendant la fermeture de la chasse. Sa fécondité est encore plus grande que celle du lièvre.

L'*écureuil* est remarquable par la beauté de sa fourrure, par la grâce de ses mouvements, par la grosseur de sa

L'écureuil détruit les graines des arbres.
— Longueur : 25 centimètres.

6.

queue. Il vit sur les arbres; il détruit une grande quantité de graines, dont il fait même provision pour l'hiver, dans des creux d'arbres ou même quelquefois dans le sol.

Le *loir* ressemble beaucoup à l'écureuil, mais il est plus petit. Il ne sort guère que la nuit. Il est très nuisible : car il détruit une grande quantité de fruits, de châtaignes, de noisettes, et attaque même les oiseaux et mange leurs œufs.

Les *rats* nous font encore plus de mal, depuis le gros *rat-surmulot* jusqu'à la petite *souris*. Rien n'échappe à leur dent meurtrière; provisions de ménage, papier, linge, fruits, graisses, matières animales, tout leur est bon. Dans les forêts, on a vu des superficies considérables, entièrement dévastées par les mulots. Le rat est d'autant plus à craindre, qu'il se multiplie très rapidement, sa fécondité étant considérable. La destruction de cet animal présente le plus grand intérêt : car c'est un véritable fléau.

Le *campagnol*, ou rat des champs, est aussi très redoutable. Le *campagnol rat d'eau* n'est pas moins nuisible non plus. Il peut même devenir dangereux pour les digues, dont il compromet la solidité en y creusant ses galeries.

La *marmotte* des Alpes, que promènent dans toute la France

Le campagnol ou rat des champs dévaste les champs et les forêts.

les petits enfants venus de la Savoie, est un rongeur des montagnes. Elle s'engourdit pendant l'hiver, et reste dans son terrier, sans prendre aucune nourriture, pendant plusieurs mois.

Le *porc-épic*, assez commun en Italie et en Espagne, a le corps recouvert de piquants raides et aigus qui ont quelquefois un pied de longueur.

Le *castor* enfin, très abondant au Canada, où il vit

en grandes bandes, est un rongeur aquatique, remarquable par son industrie. Avec ses pattes et sa queue, il
construit de véritables maisons à trois étages, ayant cave
et grenier. Ces maisons sont toujours placées dans le lit
des rivières. La porte principale est sous l'eau ; une sorte
de cheminée, ouverte à la partie supérieure, permet à l'air
de pénétrer dans l'habitation. Le poil du castor est si
estimé pour la fabrication du feutre des chapeaux, qu'on
le vend jusqu'à 150 francs la livre. Il y a fort peu de castors
en France.

Mammifères ruminants. — Un certain nombre de mammifères herbivores mangent deux fois leur nourriture :
ce sont les *ruminants*. Regardez un bœuf couché dans son
étable : il fait remonter, de son estomac dans sa bouche,
l'herbe qu'il avait d'abord avalée avec trop de précipitation,
et il la remâche plus complètement. Les ruminants peuvent
donc avaler rapidement leur nourriture, sans presque la
mâcher, puis la mastiquer ensuite à loisir, au moment où
ils prennent leur repos.

Les ruminants n'ont pas d'incisives à la mâchoire supérieure ; le plus souvent, ils n'ont pas du tout de dents

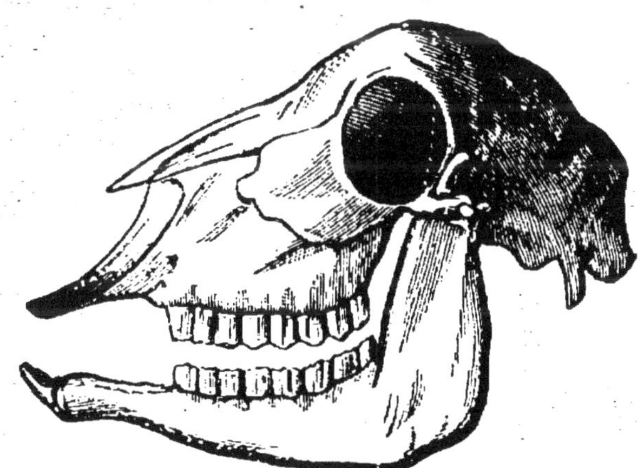

Le mouton est un ruminant. Il n'a pas d'incisives à la mâchoire supérieure,
pas de canines ; les molaires sont plates.

canines ; leurs molaires sont plates et disposées pour
broyer les herbages.

Leur canal digestif présente des particularités curieuses. Ils ont un estomac multiple composé de quatre cavités successives, la *panse* A, le *bonnet* B, le *feuillet* C et la *caillette* D. Lorsque l'animal broute l'herbe, cet aliment s'arrête d'abord dans la *panse*. Au moment où se fait la rumination, l'aliment remonte de la panse dans la bouche, où il est soumis à une nouvelle mastication, puis il tombe dans le *feuillet*. De là il passe dans la *caillette*, ensuite dans les intestins, qui ont une très grande longueur.

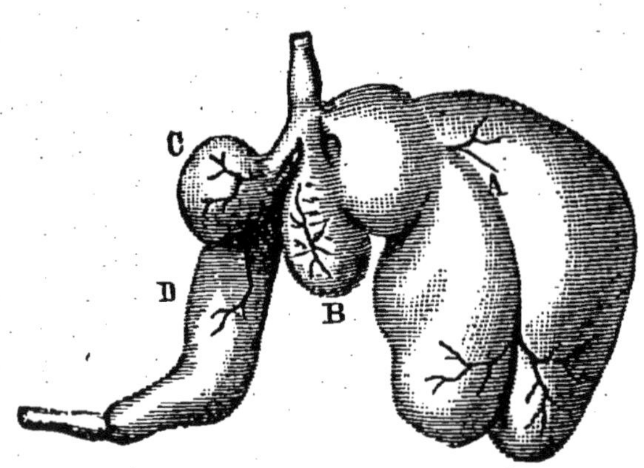

L'estomac du mouton et des autres ruminants est composé de quatre cavités : A, La panse ; — B, Le bonnet ; — C, Le feuillet ; — D, La caillette. — Les intestins de ces animaux sont très longs.

Plusieurs ruminants vivent dans les forêts à l'état sauvage ; les autres constituent les plus précieux de nos animaux domestiques. Ils nous fournissent d'excellents aliments ; leur chair est la plus nourrissante et la plus agréable ; le lait de plusieurs espèces, soit à l'état liquide, soit durci en fromages, soit encore à l'état de beurre, nous offre les ressources les plus précieuses.

La toison de quelques-uns nous donne de la laine ; leur peau est employée à fabriquer du cuir ; on utilise aussi leur graisse pour la fabrication des chandelles et des bougies ; enfin, beaucoup sont employés comme bêtes de somme ou de trait.

Vous le voyez, les ruminants sont pour nous les plus utiles de tous les animaux.

Le *bœuf* est remarquable par sa force et sa taille imposante, par ses deux cornes creuses, par ses pieds enfermés, comme ceux de presque tous les ruminants, dans deux *sabots*. C'est le plus indispensable de nos animaux domes-

Taureau de la race cotentine. — Hauteur : 1^m,30.

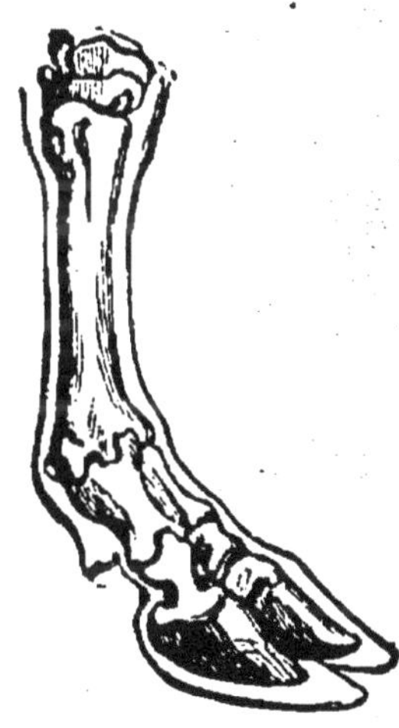

Les pieds de presque tous les ruminants sont renfermés dans deux sabots.

tiques; à la fois bête de somme et de trait, il est aussi l'une des bases de notre alimentation. L'industrie utilise toutes les parties de son corps, sa peau, sa graisse, son poil, ses os, ses cornes, son sang, son fiel, ses tendons et ses intestins. La femelle se nomme la *vache*, le mâle le *taureau*, le petit *veau* ou *génisse*.

On connaît en France plusieurs races de bœufs domestiques, mais aucun bœuf sauvage. L'Asie, l'Afrique, l'Amérique, possèdent, au contraire, de nombreuses bandes de bœufs sauvages, auxquels on fait une chasse acharnée : ce sont le *buffle*, l'*yack*, le *bison*.

Le *mouton* est de plus petite taille : c'est également un animal domestique bien précieux, qui fournit par sa chair un excellent aliment. Il nous donne aussi la laine de sa toison, et un cuir fin très estimé. Le mâle est le *bélier*, la femelle la *brebis*, les petits se nomment *agneaux*. Le mouton a une intelligence très peu développée : lorsque les moutons sont en marche, si l'un de ceux qui sont en tête s'arrête devant la plus légère barrière, tous les autres en font autant; si le premier mouton se jette dans un précipice ou dans une rivière, les autres s'y lancent après lui sans la moindre hésitation.

Le *mouflon* de Corse est un mouton sauvage.

La *chèvre* nous rend moins de services que le mouton. Sa chair n'est pas aussi délicate; mais elle se nourrit plus aisément : elle monte en effet sur les rochers les plus escarpés pour y chercher sa nourriture.

Le *bouquetin*, l'*antilope*, la *gazelle*, le *chamois* ou *isard*, sont des ruminants sauvages qui ont de grandes analogies avec la chèvre.

Le chevreuil est le ruminant le plus répandu à l'état sauvage dans nos forêts. —Hauteur : 80 centimètres.

Nos forêts nourrissent aussi le *cerf*, orné de cornes magnifiques, le *daim*, le *chevreuil*. Ces ruminants mangent les jeunes bourgeons des arbres, et nuisent ainsi à la prospérité des forêts. La chair du chevreuil est très estimée.

D'autres ruminants encore ont été réduits en domesticité, et rendent de grands services en diverses contrées. Nous allons les indiquer.

Le *chameau* à deux bosses et le *dromadaire* à une seule bosse sont d'une très grande utilité dans les régions brûlantes de l'Asie et de l'Afrique ; ils traversent rapidement

Le chameau est la bête de somme par excellence des régions chaudes de l'Afrique. — Hauteur à l'extrémité de la bosse : 2^{m},25.

les déserts immenses, marchant jour et nuit sans s'arrêter, et sans manger ni boire. « Les Arabes le considèrent comme un présent du ciel ; car sans ces animaux ils ne pourraient ni subsister, ni faire le commerce, ni voyager. Ils font de leur lait leur principale nourriture, et mangent aussi leur chair. »

Le *lama*, plus petit, sert de bête de somme au Pérou et au Chili ; il porte un homme sans peine, et fait de longues courses avec ce fardeau.

Le *renne*, ressemblant beaucoup à notre cerf, habite au contraire dans les régions glacées qui avoisinent le

Le renne est la bête de somme et de trait des régions glacées.
— Hauteur : 1^m,40.

pôle nord. Sa frugalité est surprenante. Il constitue, avec le chien, le seul animal domestique des Lapons et des Esquimaux. Le renne remplace, pour ces malheureux habitants des pays froids, la vache, la brebis et le cheval ; il sert de bête de somme ; il fournit une chaude fourrure, un bon lait et une chair nourrissante.

Mammifères pachydermes. — On désigne sous le nom de *pachydermes* des mammifères herbivores dont le cuir est très épais, et qui ont, du reste, des formes assez diverses. On rencontre dans ce groupe des animaux tels que le cheval, l'éléphant et le sanglier.

Le *cheval* est un des plus utiles de nos animaux domestiques. Vous connaissez tous sa force et sa manière de vivre : vous savez qu'il est herbivore. Mais il n'est pas

ruminant. Remarquez, de plus, la forme de son pied, ne-
fermé dans un seul sabot de corne. Ses dents ont aussi
une disposition qu'il faut connaître. Il a douze incisives
sur le devant de la bouche; entre les incisives et les premières molaires s'étend un espace vide, ou *barre*, où se

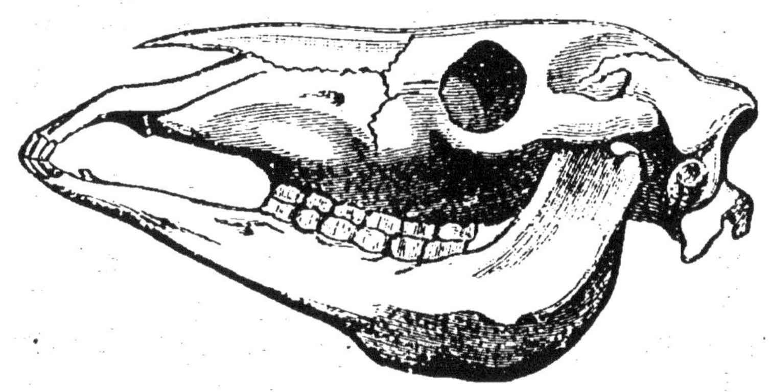

Le cheval a des incisives tranchantes, des canines très petites,
des molaires plates.

place le mors ; les canines placées à cet endroit, et souvent absentes, sont très petites. Viennent ensuite vingt-
quatre molaires plates, comme les molaires de tous les
herbivores.

Les sens du cheval sont très fins, son intelligence est
développée; il est susceptible de s'attacher à son maître.

Le cheval est peut-être le meilleur auxiliaire de
l'homme; il se prête aux travaux les plus difficiles et les
plus variés. Les races de cheval sont nombreuses ; vous
avez entendu parler du cheval arabe, si rustique et si
infatigable, du cheval anglais, le grand coureur, du cheval
percheron, qui unit la force à la vitesse, du cheval bou-
lonnais, d'une taille énorme et d'une vigueur prodigieuse.

La viande de cheval est bonne et commence à entrer
depuis quelques années dans l'alimentation.

L'âne ressemble beaucoup au cheval. Il est moins fort,
mais plus patient : il sait surtout se contenter de peu.
Quels services ne rend-il pas à la campagne?

Le *mulet* résulte du croisement de l'âne avec le cheval ;
à la sobriété du premier il joint la force du second. Le
mulet est surtout précieux dans les pays de montagnes, à
cause de la sûreté de son pas.

Le *zèbre* et l'*hémione* ont la plus grande ressemblance
avec le cheval et l'âne, mais ils ne sont pas connus dans
nos pays.

L'*éléphant* ne ressemble guère aux animaux précédents. Il est remarquable non seulement par sa taille
gigantesque, mais encore par la *trompe* longue et flexible
qui lui sert à la fois de nez, de main, d'arme offensive
et défensive, et qu'il manœuvre avec une adresse admi-
rable.

Les dents de cet animal sont seulement de deux sortes :
au fond de la bouche il a de grosses molaires plates,
comme tous les herbivores ; sur le devant sont deux incisives de grande longueur, qui s'élancent hors de la
bouche, et constituent ce qu'on nomme les *défenses*. Ces
défenses nous fournissent la substance appelée *ivoire*. La
peau de l'éléphant n'a que fort peu de poils.

Cet animal se nourrit exclusivement de substances végétales, dont il consomme de grandes quantités ; il vit à
l'état sauvage en Asie et en Afrique. C'est pour l'homme
un auxiliaire qui lui rend les plus grands services :
on remarque surtout son attachement à son maître,
son intelligence et sa docilité. Il porte des fardeaux, il
fait de grandes courses, il est employé à la chasse et à la
guerre.

Le *cochon* est aussi un animal domestique précieux en
France par les ressources qu'il fournit à l'alimentation.
C'est encore un herbivore. Il est facile à nourrir et à ac-
climater ; aussi ses différentes races sont-elles répandues
sur presque toutes les contrées du globe. Les produits
qu'on en tire sont nombreux. Sa chair fraîche est excellente, elle se sale facilement ; son sang et ses intestins
fournissent une nourriture estimée ; sa graisse est employée
dans la préparation des mets. La peau du cochon sert à
faire des cribles, ses poils à fabriquer des pinceaux et des

brosses. Dans quelques localités, le cochon est utilisé comme bête de somme.

Les races de cochon sont nombreuses.

Le *sanglier* est la souche du cochon domestique. Cette bête, sauvage et brutale, est quelquefois fort à craindre. Son museau est terminé par un os particulier, appelé *boutoir*, dont les coups sont souvent terribles. Les canines s'accroissent pendant toute sa vie pour constituer des *défenses* dirigées vers le haut, et qui lui servent à pourfendre ses ennemis. Animal essentiellement nuisible, le sanglier

Le sanglier est notre cochon à l'état sauvage. C'est un animal qui ravage les champs cultivés. — Hauteur : 1 mètre.

s'attaque à la fois aux forêts, au gibier et aux cultures. Il se nourrit non seulement de racines de toute espèce, d'herbes, de fruits, de glands, de faînes, de châtaignes, de pommes de terre, mais il mange encore les lapereaux, les levrauts, les chevreuils ; les œufs de faisans et de perdrix, les jeunes oiseaux nouvellement éclos n'échappent pas à sa voracité. Il détruit une assez grande quantité de mulots et d'insectes; mais ce service, le seul qu'il nous rende, est loin de compenser ses irréparables dégâts. C'est surtout dans les champs cultivés que ses déprédations sont le plus sensibles : un petit nombre de sangliers suffisent pour retourner en quelques heures un champ d'une grande étendue.

Je ne vous dirai que deux mots de quelques autres pachydermes, inconnus dans nos pays. L'*hippopotame*, énorme bête, moins grosse toutefois que l'éléphant, habite le bord des rivières des régions les plus chaudes de l'Afrique; son caractère féroce le rend très redoutable; sa peau, ses dents, sa graisse, sa chair, sont utilisées. Le *rhinocéros* a le nez surmonté d'une corne verticale qui constitue une arme terrible; on le chasse surtout pour sa

Le rhinocéros vit en Afrique.
C'est un énorme animal armé d'une terrible corne sur le nez.
— Hauteur : 2 mètres et plus.

peau. Le *tapir*, moins gros et moins redoutable, habite l'Asie et l'Amérique : sa chair est assez succulente.. Ces trois animaux ne sont pas domestiques.

Mammifères marins. — Un certain nombre de mammifères vivent dans l'eau, et sont à tort considérés comme des poissons par beaucoup de personnes. Ce sont bien cependant de vrais mammifères. Ils font, en effet, leurs petits vivants et les nourrissent avec le lait de leurs mamelles : et vous savez que les poissons n'ont jamais de mamelles. De plus, ils respirent par des poumons; ils ne peuvent pas respirer dans l'eau, comme le font les poissons, et sont obligés de venir fréquemment à la surface de l'eau, pour aspirer l'air extérieur.

Les *phoques* ont le corps allongé des poissons, mais ils possèdent cependant des pieds. Ces pieds sont très courts, et ne peuvent guère servir à marcher ; ils constituent, au contraire, d'excellentes rames. Les membres de derrière,

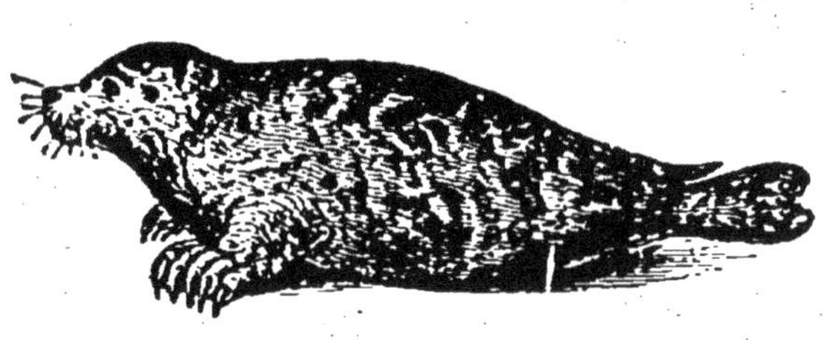

Le phoque vit dans l'eau, mais c'est un mammifère. Il a quatre pieds, plutôt disposés pour la nage que pour la marche. Il monte souvent sur le rivage. — Longueur : 2ᵐ,50.

surtout, situés près de la queue, ressemblent beaucoup à des nageoires : aussi les phoques sont-ils très bons nageurs. Ils poursuivent leur proie dans l'eau, car ils sont *carnivores*, et se nourrissent surtout de poissons. Ils ne viennent à terre que pour se chauffer au soleil et allaiter leurs petits. Les phoques vivent généralement par troupes ; ils sont intelligents, et, lorsqu'ils sont captifs, ils s'attachent promptement à ceux qui les soignent.

Les peuples maritimes font la chasse aux phoques, dont la peau et l'huile sont utilisées dans l'industrie.

Il y a quelques phoques sur les côtes de la Bretagne, mais on en rencontre surtout de grandes bandes dans les régions froides. Quand ils sont à terre, ils se déplacent avec difficulté, ils ne peuvent se défendre, et alors on les tue en grand nombre. En 1870, les pêcheurs écossais en ont massacré 90 000.

Le *morse* ressemble beaucoup au phoque ; il en diffère surtout par deux énormes défenses recourbées en dessous. C'est, lorsqu'il est dans l'eau, un animal redoutable ; plus gros encore que le phoque, il pèse souvent autant qu'un bœuf. Il n'habite que les mers glacées qui avoisinent les pôles.

Les autres mammifères marins ressemblent encore plus à des poissons, et par leur forme, et par leur manière de vivre : ils demeurent constamment dans l'eau, et ne montent jamais sur le rivage. Leurs pattes de devant n'ont plus de griffes, comme celles des phoques : ce sont de véritables nageoires; ils n'ont pas de pattes de derrière. Ce sont les seuls mammifères qui n'aient pas quatre membres.

Parmi ces mammifères on remarque :

Le *dauphin*, abondant dans toutes les mers. Les dauphins vivent par troupes; ils atteignent 3 mètres de longueur. Ils sont très carnassiers, suivent les navires et dévorent les poissons. On les pêche à cause de l'huile qu'ils fournissent.

Le *marsouin*, un peu plus petit, est très commun aussi sur nos côtes.

Le *narval* a la tête terminée par une défense longue et

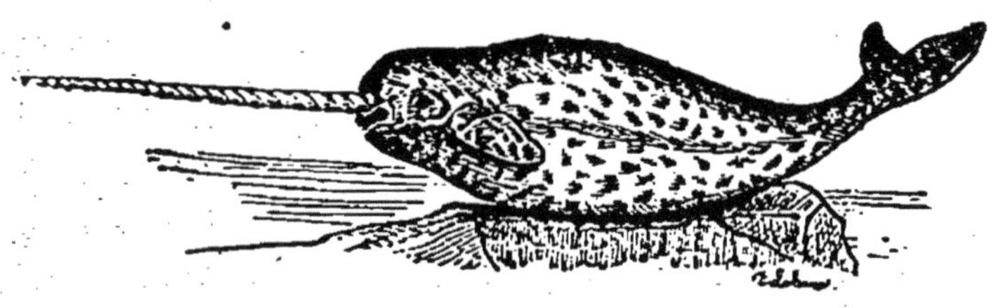

Le narval est un mammifère marin; il n'a pas de pieds, mais des nageoires. Il reste toujours dans l'eau, mais vient respirer à la surface. Sa tête est terminée par une terrible défense.

effilée, grâce à laquelle il peut livrer de terribles combats à la baleine.

Le *cachalot* est beaucoup plus gros que les mammifères précédents.

La *baleine*, enfin, qui atteint parfois une longueur de 36 mètres, est le plus gros de tous les animaux. Le poids d'une grosse baleine est égal à celui de trente éléphants; sa gueule seule a 6 mètres d'ouverture. C'est un animal paisible, qui ne se nourrit pas de gros poissons. Au lieu de dents, la baleine a la machoire supérieure garnie de lames de corne disposées comme les dents d'un peigne : ces lames portent le nom de *fanons*; elles forment un tamis, à travers lequel passe l'eau que l'animal engloutit à chaque instant, mais qui retient les petits mollusques, crustacés ou zoophytes que cette eau renfermait, et qui deviennent la proie de la baleine.

La baleine ne se rencontre guère que dans les mers du Nord. On lui fait une chasse acharnée. Elle fournit, en effet, une énorme quantité d'huile, qu'on extrait de l'épaisse couche de graisse située sous sa peau. Les fanons ne sont pas moins précieux : ils constituent cette substance légère, solide et souple, connue dans le commerce sous le nom même de baleine.

La guerre sans trêve qu'on fait aux baleines les rend chaque jour moins abondantes, et, par conséquent, plus difficiles à rencontrer et à capturer.

Autres mammifères. — Dans notre énumération nous n'avons pas, bien entendu, cité toutes les espèces de mammifères; nous avons seulement indiqué les plus importantes.

Nous avons omis, notamment, plusieurs catégories d'animaux bizarres, complètement étrangers à la France, et même à l'Europe : tels sont le *fourmilier*, le *kangourou*, la *sarigue*, l'*ornithorynque*. L'étude de ces animaux ne

L'ornithorynque est un mammifère particulier à l'Australie;
il a un bec analogue à celui du canard.

présenterait pour vous qu'un intérêt purement scientifique; quelques-uns d'entre vous auront peut-être l'occasion de les étudier dans les écoles supérieures.

IV. — CLASSE DES OISEAUX.

Caractères distinctifs des oiseaux. — Nous avons déjà donné les caractères distinctifs des *oiseaux*. Vous savez donc qu'on les reconnait à ce qu'ils ont des plumes et des ailes, à ce qu'ils pondent des œufs destinés à produire des petits. Vous savez aussi en quoi leur appareil digestif diffère de celui des mammifères. Vous ne confondrez donc jamais un oiseau avec une chauve-souris.

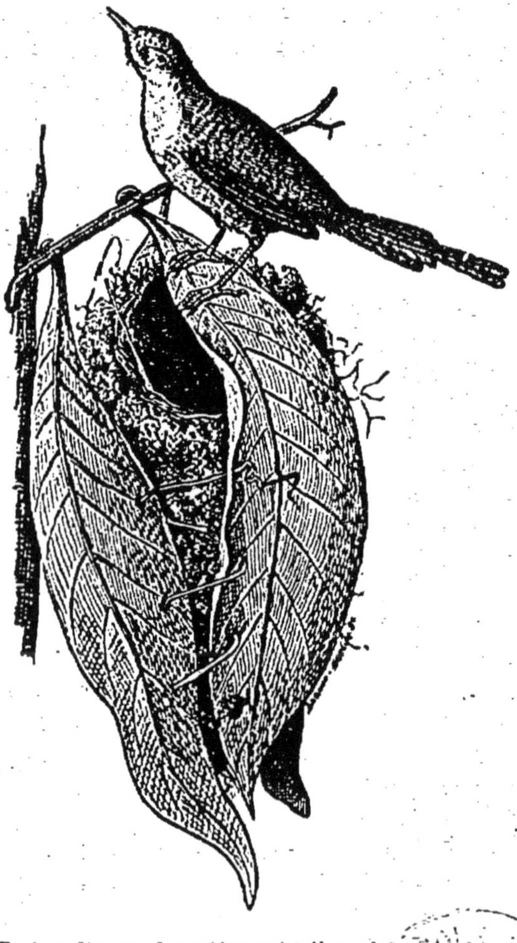

On vous a dit, dans le cours élémentaire, comment les oiseaux peuvent s'élever dans les airs, et quelles immenses distances ils parcourent parfois en volant. Nous ajouterons seulement aujourd'hui quelques mots sur leurs nids et sur leurs œufs.

Nids des oiseaux. — C'est au printemps que les oiseaux s'accouplent et bâtissent leurs nids.

Chaque espèce d'oiseaux édifie sa demeure à sa façon,

Le bec d'or ou fauvette couturière, oiseau analogue au bouvreuil, suspend à une branche son nid presque complétement fermé.

en apportant dans cette construction un art et une adresse admirables, en même temps qu'une remarquable intelligence. Le plus souvent c'est la femelle qui bâtit; le mâle ne fait que l'aider dans cette longue et difficile besogne.

Les grands oiseaux construisent ordinairement des nids solides, mais sans élégance, formés de branchages entrelacés. Ils les placent le plus souvent dans les anfractuosités des rochers ou sur la plate-forme des tours élevées. Les oiseaux qui nichent dans les murailles, ceux qui bâtissent directement sur le sol, n'apportent pas non plus un grand art dans leur construction.

C'est surtout chez les oiseaux qui nichent sur les arbres que l'on rencontre les demeures les plus admirables. Des brins de paille, de très petites branches,

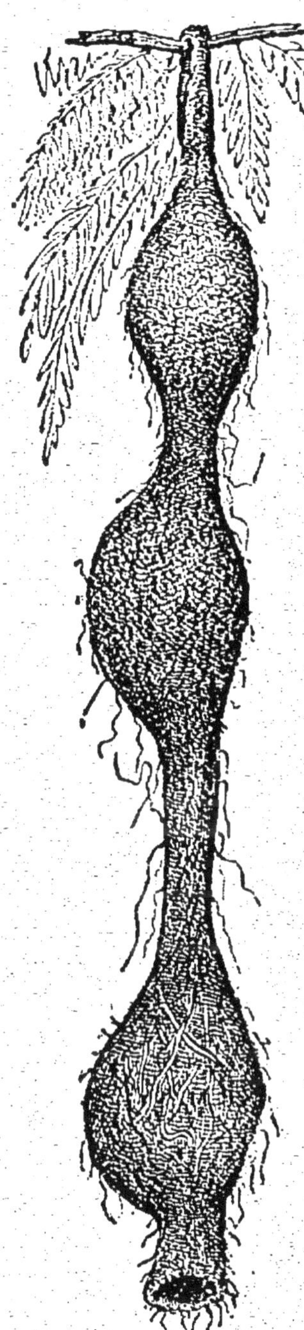

Tisserin du Bengale et son nid.

7.

liés et entrelacés avec un soin extrême, constituent la charpente extérieure de l'habitation ; à l'intérieur se trouve un épais tapis de mousse et de duvet.

Certains nids, au lieu d'être largement ouverts, ne présentent qu'une très petite ouverture, tout juste assez grande pour laisser pénétrer le père et la mère. Les petits sont ainsi presque complètement garantis contre le mauvais temps, et contre les attaques de leurs ennemis.

Certains oiseaux se construisent en commun de vastes maisons divisées en autant de compartiments qu'il y a de familles.

Œufs des oiseaux. — L'*œuf* pondu par l'oiseau se compose, comme vous le savez, de trois parties, le jaune, le blanc et la coquille. Dans le jaune se trouve le *germe*, qu'on remarque sous forme d'une tache plus claire que le reste, située à la surface du jaune.

Lorsque la femelle a pondu ses œufs dans le nid, elle les couve, c'est-à-dire qu'elle les réchauffe constamment en les couvrant de son corps ; pendant ce temps, le mâle porte le plus souvent à la femelle sa nourriture.

Sous l'influence de la chaleur, le germe se développe progressivement, et le petit oiseau se forme avec les substances qui remplissent l'œuf. Au bout d'un temps variable, qui est, par exemple, de 12 jours pour la mésange, et de 60 jours pour l'autruche, le petit est entièrement formé ; il sort de sa coquille.

Alors commence pour le père et la mère une vie de fatigues et de soins continuels.

Œuf de poulet, renfermant un petit prêt à éclore.

Il faut nourrir la jeune couvée, et la préserver de tous

les dangers qui l'entourent : dans l'accomplissement de cette double tâche, les oiseaux sont admirables.

Utilité des oiseaux. — Je vous ai déjà dit, l'année dernière[1], quels services nous rendent les oiseaux, non seulement en nous servant d'aliments, mais surtout en détruisant nos pires ennemis, les insectes. Vous savez donc que bien peu d'oiseaux sont nuisibles, et que *vous ne devez jamais rechercher ni dénicher les nids*. Protégez au contraire les oiseaux, surtout les petits oiseaux, car ils vous protègent à leur tour en arrêtant les immenses dégâts produits partout par les insectes.

N'oubliez pas, en effet, que les insectes sont d'une fécondité inouïe : sans l'oiseau, qui les mange, ils recouvriraient bientôt le monde entier. La terre deviendrait inhabitable, si *un seul* insecte avait la puissance de s'y développer sans limite. Sans l'*oiseau*, nous serions depuis longtemps rentrés dans le néant, détruits par l'insecte.

L'oiseau seul peut poursuivre l'insecte dans l'air ou sous la feuille ; lui seul peut sonder l'écorce avec son bec et y découvrir l'ennemi ; lui seul le saisira au fond du calice de la fleur. Il faut son aile, son bec aigu ou puissant, sa serre robuste ou mignonne, son œil perçant, son odorat subtil, pour nous délivrer de la plaie des ravages incessants de l'insecte.

Songez donc qu'une seule hirondelle détruit 300 insectes par jour, et une seule mésange 600 œufs d'insectes dans le même temps.

Le plus grand nombre des oiseaux est très utile à l'agriculture ; le mal que font à nos récoltes, en certains moments, les oiseaux qui se nourrissent de grains, est compensé, et au delà, par la consommation d'insectes qu'ils font au printemps, pour nourrir leurs petits.

Tous les oiseaux ne se ressemblent pas entre eux. — Il y a de nombreuses espèces d'oiseaux, comme il y a

1. Voir *Cours élémentaire*, leçons XIII et XIV, pages 33 et 36.

de nombreuses espèces de mammifères : les oiseaux se distinguent les uns des autres par la taille, par la couleur du plumage, et surtout par des différences d'organisation qui correspondent à des différences dans la manière de vivre.

Nous allons passer en revue les principales espèces d'oiseaux.

Oiseaux de proie. — Les *oiseaux de proie* sont ceux qui vivent de chair.

Les uns se livrent à la chasse des autres oiseaux ou des petits mammifères : il leur faut une proie vivante. Les autres se contentent de manger les charognes.

Les premiers nous sont souvent utiles en détruisant les rats, les mulots...; les autres débarrassent le sol des cadavres qui, en se pourrissant, deviendraient des causes de mauvaise odeur et de maladie.

Les oiseaux de proie se reconnaissent à la vigueur de leur *bec* crochu et acéré, et à la puissance de leurs *serres*. Ce sont les armes dont ils se servent pour saisir et dépecer leurs victimes. Ils ont en outre une aile puissante, capable de les porter rapidement à la poursuite du gibier, et un œil si fin, qu'ils voient distinctement les plus petits animaux à une grande distance.

Les oiseaux de proie *diurnes* chassent pendant le jour.

Les *vautours*, à l'aspect repoussant, sont les plus utiles des oiseaux de proie : ils ne se nourrissent que des cadavres en putréfaction. Ils sont très rares en France, car, les terres étant presque partout cultivées, ils

Le vautour atteint plus d'un mètre de longueur. Il débarrasse la terre des cadavres en putréfaction.

ne trouvent pas la nourriture qui leur est indispensable. Le vautour atteint 1 mètre 30 centimètres de longueur, de la pointe du bec à l'extrémité de la queue. Son envergure dépasse souvent quatre mètres.

Les *aigles* se nourrissent seulement de proie vivante : on les rencontre dans plusieurs régions montagneuses de la

Aigle enlevant sa proie. — Le bec des oiseaux de proie est solide et crochu. Les serres des oiseaux de proie sont puissantes, ornées d'ongles longs et acérés.

France. Les ailes de l'aigle, d'une très grande envergure, ont une énorme puissance ; on a vu ces oiseaux tuer d'un coup d'aile leurs victimes. Les gros aigles s'attaquent aux agneaux, et il leur arrive même d'emporter des enfants. Ce sont des animaux nuisibles à cause de la chasse continuelle qu'ils font à toutes sortes de gibier.

Il en est de même des oiseaux de proie plus petits que vous connaissez mieux : l'*autour*, qui se nourrit de pigeons, tourterelles, perdrix, faisans, lapins, lièvres, et des poules de nos basses-cours ; l'*épervier*, qui chasse surtout les petits oiseaux ; le *faucon*, qui prend les lièvres et les perdrix.

Quelques oiseaux de proie diurnes nous rendent cependant de signalés services : la *cresserelle* ou *émouchet* détruit les souris, les mulots, les campagnols, les hannetons, les

L'épervier est un animal nuisible, car il fait surtout la guerre aux petits oiseaux. — Longueur : 30 centimètres.

reptiles et beaucoup d'insectes nuisibles ; il en est de même du *milan* et de la *buse*. Sans doute, ces oiseaux ne se privent pas non plus d'attaquer les petits poulets et le menu gibier, mais ils nous font au moins autant de bien que de mal.

Les oiseaux de proie *nocturnes* ne chassent que la nuit. Ils ont l'œil si délicat que la lumière du jour les éblouit ; mais ils voient encore clair lorsque la nuit est obscure. Ils volent silencieusement, sans faire le moindre bruit, ce qui leur permet de saisir leur proie par surprise.

Ces oiseaux nocturnes ne nous font que du bien, et c'est par suite d'un absurde préjugé que les habitants des campagnes, les considérant comme des oiseaux de mauvais augure, leur font une guerre stupide. *Vous devez au contraire les protéger*, car ils détruisent un nombre très considérable de rongeurs, de reptiles et de gros insectes. Vous connaissez le *grand-duc*, assez rare en France, et de grande taille ; le *hibou*, grand destructeur de rats, de souris, de mulots, d'insectes, de grenouilles ; le *chat-huant*, assez commun en France, et dont le cri étrange ne doit pas être considéré comme un présage de malheur ; l'*effraie*, enfin, qui habite de préférence les greniers, les ruines, les crevasses des murs, retraites dont vous ne devez pas la chasser.

Passereaux. — Les *passereaux* ressemblent beaucoup aux oiseaux de proie; mais ils ont le bec et les serres beaucoup moins forts; ils sont aussi de plus petite taille. De plus, ils ne vivent pas de chair. Les uns se nourrissent principalement de grains, ce sont les *granivores*, dont le bec est assez dur pour pouvoir saisir et briser les grains. Les autres mangent les insectes les plus petits; la conformation de leur bec dépend de l'espèce d'insectes dont ils font leur nourriture habituelle.

Les passereaux, qui comprennent tous les *petits oiseaux* de nos bois, de nos champs, de nos bosquets, sont nos plus précieux et nos plus fidèles amis. Je ne vous en citerai qu'un bien petit nombre.

La *grive* est un oiseau de passage; elle arrive en France au commencement de l'automne et part au commencement

La grive vit principalement d'insectes. C'est un oiseau utile.

de l'hiver. C'est un excellent gibier, mais qu'il ne faudrait pas trop détruire, car il vit surtout d'insectes et de vers. Le *merle* est dans le même cas.

L'*alouette* rend de grands services à l'agriculture en détruisant insectes, vers, chenilles, œufs de fourmis et de sauterelles. Elle mange aussi des graines et des fruits.

L'*engoulevent* est un passereau nocturne. Il sort de sa retraite au crépuscule pour chasser les insectes et les papillons de nuit les plus nuisibles, tels que les phalènes.

L'engoulevent vole le soir et détruit les insectes nocturnes.

Le *corbeau* est un passereau de grande taille. Ses habitudes ont beaucoup d'analogie avec celles des oiseaux de proie. Il dévore les mulots, les souris, les insectes, les fruits, les graines; il s'attaque même au gibier, perdrix, lièvres et lapins; les volailles des basses-cours ne lui échappent pas non plus. Il est également friand de charognes. Il nous fait, en somme, plus de mal que de bien. Il en est de même de la *corneille*.

Les *pies* et les *geais* ont presque la même manière de vivre. Le geai, cependant, moins fort, ne se nourrit guère que d'insectes et de grains : c'est certainement un animal utile.

La *pie-grièche* a le bec crochu comme les oiseaux de proie ; elle détruit beaucoup de gros insectes et de hannetons.

Il est impossible d'énumérer tous les petits oiseaux, et de dire quels immenses services ils nous rendent chaque jour. Les *gobe-mouches* ne se nourrissent que d'insectes, moucherons et chenilles; le *becfigue*, si recherché pour la délicatesse de sa chair, est une sorte de *gobe-mouche*. Le *moineau* est le plus connu de tous les passereaux; on le trouve aussi bien dans les villes que dans les champs, car il est effronté, et ne craint pas de s'approcher de nos demeures; il a la réputation d'être très nuisible, mais il nous fait en somme plus de bien que de mal, car il mange encore plus d'insectes que de grains ou de fruits. On peut en dire autant du *verdier*, du *pinson*, de la *linotte* et du *chardonneret*, l'un des plus jolis oiseaux de nos contrées.

Le nid du chardonneret est construit avec de la mousse et des plumes; il y dépose cinq œufs.

Le *bouvreuil* et le *bec-croisé* nous font au contraire beaucoup de mal en détruisant les bourgeons à l'automne : ce sont franchement des oiseaux nuisibles. L'*é-tourneau*, le *loriot*, le *rossignol*, le meilleur chanteur de nos forêts, la *fauvette*, le *rouge-gorge*, le *roitelet*, la *mé-sange*, le *grimpereau*, la *huppe*, sont de grands destructeurs d'insectes.

L'*hirondelle*, enfin, dont l'arrivée chez nous annonce la venue de la belle saison, cherche sa nourriture en volant, car elle vole constamment; elle détruit surtout les petits insectes ailés, teignes et mouches. Le *martinet*, dont le vol est plus étendu et plus rapide encore, a la vue si perçante, qu'il aperçoit distinctement une fourmi ailée à plus

Le loriot est un grand destructeur d'insectes.

de 100 mètres de distance : il chasse surtout à l'heure du crépuscule.

Les grimpeurs. — Les oiseaux *grimpeurs* se distinguent à ce que leur patte présente deux doigts dirigés en avant et deux doigts dirigés en arrière. Cette disposition leur permet de s'accrocher plus aisément au tronc et aux branches des arbres, après lesquels ils grimpent avec facilité. Il n'y a qu'un assez petit nombre d'espèces d'oiseaux grimpeurs.

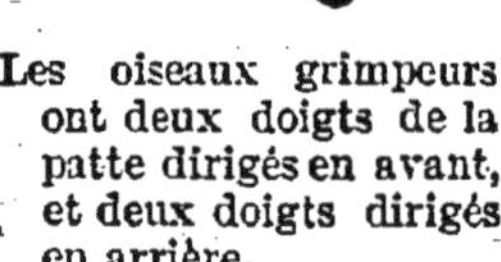

Les oiseaux grimpeurs ont deux doigts de la patte dirigés en avant, et deux doigts dirigés en arrière.

Les grimpeurs vont surtout chercher leur nourriture dans l'écorce ou sous l'écorce des arbres ; ils déclarent une guerre acharnée à tous les insectes qui, creusant leurs galeries dans les arbres de nos forêts et de nos vergers, causent ainsi la ruine des plus belles plantations. Les grimpeurs nous sont donc fort utiles : ils sauvent nos forêts et nos vergers de la dévastation.

Les *pics*, et principalement le *pic-vert*, sont des grimpeurs très répandus en France.

Le *torcol*, plus petit, ne fait pas de moins bonne besogne ; il inspecte chaque pli de l'écorce, entrant même dans les trous des branches tombées.

Le *coucou*, dont vous connaissez le cri monotone, est encore un grimpeur. Seul parmi les oiseaux, il aime à manger les chenilles poilues, si pernicieuses aux forêts : il est donc fort utile. C'est un oiseau très sauvage, qui arrive dans nos contrées au printemps, s'arrête dans les forêts pendant l'été, et les quitte à l'automne. Le coucou est surtout remarquable en ce qu'il ne bâtit pas de nid. La femelle pond un œuf à terre, sur la mousse ; elle le prend

Le coucou est le seul oiseau qui détruise les chenilles poilues des forêts. Il ne fait pas de nid.

dans son bec, qui est très largement fendu, et le porte dans le nid de quelque passereau. Cet œuf est alors couvé par le petit oiseau, en même temps que ceux qui étaient déjà dans le nid. Une fois le petit coucou éclos, il jette hors de chez eux les compagnons dont il occupe la demeure, et reste seul, avec son gros appétit, à la charge des parents d'adoption chez lesquels sa mère l'a déposé.

Les gallinacés. — Les *gallinacés* ont le bec voûté, les jambes emplumées; ils ressemblent tous, plus ou moins, à la poule domestique.

La chair des gallinacés est fort délicate, et plusieurs de ces oiseaux font partie de nos animaux domestiques.

Le paon a une énorme queue, qu'il sait étaler en forme de roue.

Les *dindons*, les *paons*, les *faisans*, les *pintades*, le *coq* et ses variétés si nombreuses sont des gallinacés, plus ou moins domestiques; le *coq de bruyère*, la *perdrix*, la *caille*, sont d'autres gallinacés qui vivent en France à l'état sauvage. Tous ces oiseaux ont cela de particulier qu'ils ont le vol lourd, mais qu'ils sont, au contraire, bons marcheurs. Leurs petits sont couverts de plumes, marchent et mangent seuls dès le jour de leur naissance,

Les gallinacés naissent couverts de duvet et mangeant seuls.

tandis que tous les oiseaux dont nous avons parlé jusqu'ici naissent nus, aveugles, et ne sachant pas encore manger seuls.

Les *pigeons* et les *tourterelles* sont aussi des gallinacés.

Les échassiers. — Les *échassiers* se reconnaissent à leurs jambes longues et sans plumes ; la plupart volent bien, mais ils n'ont jamais des ailes très étendues.

L'autruche est le plus gros des oiseaux. — Sa taille atteint 2^m,60.

Les *autruches*, les plus grands oiseaux connus, ne peuvent voler, parce que leurs ailes n'ont pas assez de puissance ; mais elles courent avec une extrême rapidité ; elles vivent dans les pays chauds.

La plupart des autres échassiers se rencontrent principalement dans les régions marécageuses ; la longueur de leurs pattes leur permet de marcher dans l'eau.

La *grue* mange surtout des insectes, des graines et des herbes ; la *cigogne*, très commune en Alsace, mange des

Le vanneau mange des insectes et des vers.
— Longueur : 36 centimètres.

La grue a 1^m,50 de hauteur. — Elle reste des heures entières sur une seule patte à guetter les insectes dont elle fait sa nourriture.

vers et des petits serpents ; le *héron*, détruit beaucoup de grenouilles et de poissons. Ces trois échassiers sont de très grande taille. Ils volent très bien et peuvent aller fort loin.

L'*outarde* est déjà plus petite. Le *pluvier*, le *vanneau*, le râle, la *poule d'eau*, la *bécasse*, la *bécassine*..., se nourrissent surtout d'insectes, de vers, et rarement de graines. Ils nous sont utiles; quelques-uns, comme le vanneau, la bécasse et la bécassine, sont de très fins gibiers au point de vue de l'alimentation.

Les palmipèdes. — Les *palmipèdes* sont remarquables par leurs pieds *palmés*, c'est-à-dire que leurs doigts sont réunis les uns aux autres par des membranes. Ces pieds leur servent de rames, car ils passent une partie de leur vie dans l'eau. Ils sont aussi bien conformés pour plonger que pour nager; leurs plumes sont, en effet, constamment enduites d'une sorte de graisse qui empêche l'eau de les mouiller. De plus, ils ont, sous les plumes, un épais duvet capable de les garantir de la fraîcheur de l'eau. Vous savez comment ce duvet est utilisé par l'homme, et combien il préserve du froid.

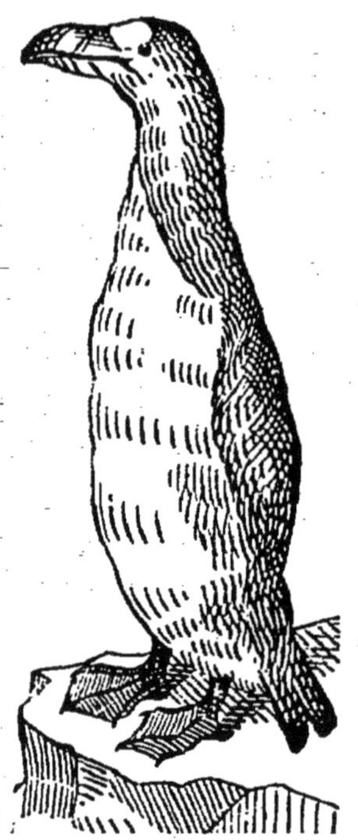

Le pingouin ne vole pas; il nage et il plonge. — Hauteur : 60 centimètres.

Les *pingouins*, les *manchots*, les *plongeons*, habiles entre tous à plonger, habitent les pays froids. Ils ne quittent les eaux que pour pondre; leur marche est lourde et difficile. La plupart des palmipèdes plongeurs nous fournissent de bonnes fourrures.

Les *pétrels*, les *albatros*, les *goélands*, ont, au contraire, une puis-

L'albatros a une grande puissance de vol; il mange les poissons. — Longueur : 1^m,25.

sance de vol extraordinaire. Ils se nourrissent surtout de poissons. Les *goélands* ou *mouettes* sont nombreux sur les côtes maritimes de France ; ils vont en pleine mer à de très grandes distances. Les *hirondelles de mer* volent beaucoup et ne nagent pas.

Les *frégates*, les meilleurs voiliers de tous les animaux, les *cormorans*, se trouvent surtout dans les climats chauds. Les *pélicans* sont d'habiles nageurs ; ils ont sous

Le pélican a sous le bec une poche dans laquelle il conserve les poissons qu'il a capturés. — Longueur : 1^m,80.

leur bec, qui est très grand, une poche dans laquelle ils peuvent conserver, pendant quelque temps, le produit de leur pêche.

Plusieurs palmipèdes sont de précieux animaux domestiques. Tels sont : le *cygne*, si beau et si majestueux, l'*oie*, à la chair succulente, le *canard*. Tous ces oiseaux existent à l'état sauvage ; ils sont alors voyageurs, placent leurs nids au milieu des joncs et des roseaux ; leurs petits, immédiatement après leur naissance, courent à l'eau. A l'état de domesticité, ils nous offrent à la fois une chair agréable et un duvet moelleux.

V. — CLASSE DES REPTILES.

Tous les reptiles ne se ressemblent pas entre eux. — Nous avons indiqué déjà à quels caractères on distingue les *reptiles;* vous connaissez, du reste, les plus importants de ces animaux, que nous avons étudiés l'année dernière[1]. Nous n'ajouterons à cela que bien peu de choses; car l'étude de ces animaux ne nous offrirait pas autant d'intérêt que celle des mammifères ou des oiseaux.

Rappelez-vous d'abord que la forme des reptiles est très variable; tous les reptiles sont bien loin d'avoir entre eux le même air de famille que tous les oiseaux. Il y a une différence de forme bien plus grande entre une tortue, un lézard et une couleuvre, qu'entre une autruche, une oie et un chardonneret.

Parmi les reptiles, les uns marchent, comme les lézards, les autres rampent, comme les serpents, les autres nagent, comme certaines tortues; quelques-uns même ont des sortes d'ailes qui leur permettent de voltiger.

La taille des reptiles est aussi bien variable : quelle différence entre le petit *lézard gris* et le grand *serpent boa*, qui a 8 mètres de longueur !

Tortues, lézards et serpents. — Nous avons dit, dans le *Cours élémentaire*, que tous les reptiles ressemblent à la *tortue*, au *lézard* ou au *serpent*, et nous avons indiqué la manière de vivre des plus importants de ces animaux.

Tous les reptiles ne sont pas malfaisants. Les *lézards* détruisent beaucoup d'insectes, mais les *crocodiles*, très voraces, mangent des poissons et s'attaquent même souvent à l'homme. Les *tortues* se nourrissent exclusivement de végétaux et ne sont jamais nuisibles; en outre, elles

1. Voir la XVe leçon du *Cours élémentaire*, page 39.

nous fournissent l'*écaille*, une belle substance employée dans l'industrie ; leur chair et leurs œufs constituent un bon aliment. Les serpents eux-mêmes, dont la réputation est si mauvaise, ne sont pas tous malfaisants ; beaucoup d'entre eux, comme les couleuvres et les vipères, se nourrissent principalement de rats, de souris, de grenouilles, dont ils font une grande destruction.

Le venin des serpents. — Les reptiles le plus à craindre sont les serpents à *venin*. Lorsque ces animaux font une morsure, un venin dangereux s'écoule par deux dents longues et aiguës, qu'on appelle *crochets*, qu'ils dressent comme un chat fait sa griffe ; ce venin s'écoule dans la plaie et cause souvent la mort de la victime.

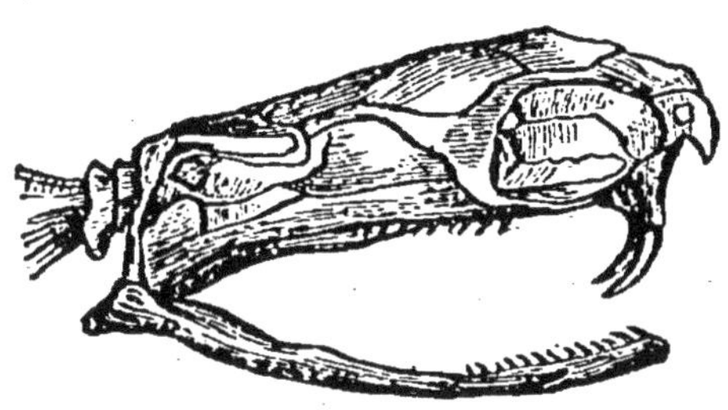

Tête de vipère, montrant les crochets qui lancent le venin dans la morsure.

Le venin des serpents est un poison si violent, que, chez certaines espèces, il cause la mort avec une effrayante rapidité. Le *crotale*, ou *serpent à sonnettes*, est le plus dangereux de tous les serpents : il n'existe pas en Europe.

Deux serpents seulement sont très répandus en France : la *couleuvre*, absolument inoffensive, utile même, et la *vipère*. Il importe de bien savoir distinguer la couleuvre de la vipère[1].

La vipère se multiplie beaucoup dans certains départements. Son venin, assez rarement mortel, occasionne cependant des accidents très graves. Elle est petite, car sa taille n'atteint presque jamais 1 mètre. Elle habite de préférence les lieux boisés, montueux et pierreux ; elle se montre plus fréquemment au printemps qu'en toute autre

---

1. Le maître se procurera aisément une couleuvre et une vipère empaillées pour le musée scolaire. Il apprendra aux enfants à les distinguer l'une de l'autre.

8.

saison. Pendant les grandes chaleurs de l'été, elle devient
plus rare; elle apparaît derechef en septembre et octobre,
et disparaît aux premiers froids pour se retirer en terre,
sous des tas de pierres, ou dans le cœur des arbres et des

La vipère est le seul serpent venimeux de France. — Sa morsure est rarement
mortelle, mais nécessite des soins.

rochers. Là, elle passe toute la mauvaise saison, engourdie,
et sans prendre de nourriture.

La plupart des animaux redoutent et fuient la vipère.
Cependant le hérisson, le sanglier, le cochon, le faucon, le
héron et la cigogne ne semblent pas craindre sa morsure,
et en font une grande destruction.

Je viens de vous dire que la morsure de ce reptile n'est
pas, en général, mortelle pour l'homme. Elle cause cependant des accidents assez graves. Aussi est-il nécessaire de
savoir quels soins il faut donner à ceux qui ont été
mordus, en attendant l'arrivée du médecin, qui doit être
appelé en toute hâte. La première chose à faire, quand on
a été mordu, est de sucer la plaie, pour en faire sortir le
venin : ce poison, si dangereux quand il est introduit dans
une plaie, peut être avalé sans inconvénient. Puis on fait

une ligal.re avec une corde, fortement serrée au-dessus de la blessure, pour gêner la circulation du sang; on laisse saigner la plaie, et on la presse pour faire sortir le venin. Quand on le peut, on baigne la partie blessée dans de l'eau tiède, et on y applique une *ventouse* pour la faire saigner davantage. Si l'enflure est trop forte, si les douleurs sont trop vives, on supprime la ligature et on cautérise avec un fer rouge, puis on recouvre la plaie avec de la charpie.

VI. — CLASSE DES BATRACIENS.

Métamorphoses des batraciens. — Nous savons déjà que les *batraciens* présentent cette particularité curieuse, de changer de forme après leur naissance.

La *grenouille* est un batracien. Quand elle sort de l'œuf, sous forme de *tétard*, elle a absolument l'organisation d'un poisson; elle ne peut respirer que dans l'eau, à l'aide de branchies. Puis, après quelques semaines d'existence, il lui pousse des pattes, la queue tombe, elle prend la forme de la *grenouille.* La grenouille, une fois complètement formée, ne peut plus vivre exclusivement dans l'eau; elle n'a plus de branchies, mais des poumons; elle est obligée de venir respirer dans l'air, à la surface de l'eau.

Tous les batraciens subissent des métamorphoses analogues à celles-là; tous ils respirent d'abord par des branchies, comme des poissons, puis par des poumons, comme des reptiles.

Énumération de quelques batraciens. — Les *grenouilles* sont les batraciens les plus abondants en France. On peut les considérer comme étant des animaux utiles.

Elles nous fournissent, en effet, un aliment sain et délicat, et nous débarrassent, en outre, d'une foule d'insectes incommodes, de vers et de mollusques. Elles ont un appétit vorace.

Tant qu'il fait beau, les grenouilles se tiennent volontiers sur le bord de l'eau; au moindre bruit, elles disparaissent en plongeant. Le froid venu, elles ne mangent plus, s'enfoncent dans la vase ou se retirent au fond des eaux, quelquefois aussi à terre; elles s'y blottissent en troupes considérables, enlacées les unes aux autres et plongées dans une complète torpeur. Elles y restent jusqu'au printemps.

La *rainette* est une sorte de grenouille dont les doigts sont garnis de pelotes visqueuses. Elle grimpe aux arbres

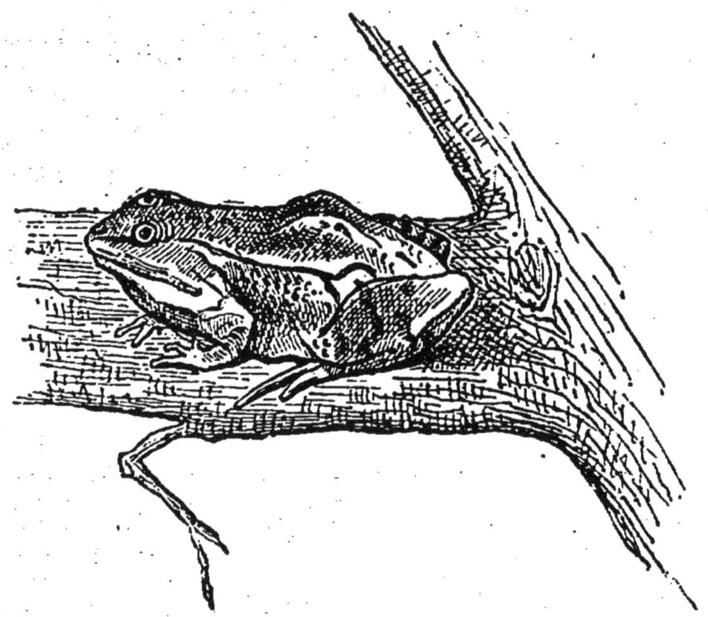

La rainette monte sur les arbres pour faire la chasse aux insectes.

avec facilité, et se tapit sous les feuilles pour guetter les insectes qui font sa nourriture.

Les *crapauds*, semblables aux grenouilles par la forme de leur corps, ont un aspect repoussant. Ils sont utiles cependant, car ils font la guerre aux limaces, aux escargots, aux vers, aux insectes. Ils sortent surtout la nuit; ils passent l'hiver engourdis en terre. Le crapaud subit les mêmes métamorphoses que la grenouille. Il est prudent de ne pas toucher le crapaud, car sa peau se recouvre, quand il est en colère, de gouttelettes blanches d'un *renin* assez actif pour rendre parfois malades les personnes qui ont des écorchures aux mains.

La *salamandre* ressemble davantage au lézard ; elle en diffère cependant par bien des caractères, et surtout par ses métamorphoses. Ne croyez à aucune des fables qu'on débite partout sur cet animal ; il n'a aucune propriété merveilleuse.

VII. — CLASSE DES POISSONS.

Les différents poissons ne sont pas semblables entre eux. — Nous avons donné, précédemment, les caractères distinctifs des *poissons*. Vous savez que tout animal vertébré disposé pour vivre dans l'eau, et respirant au moyen de branchies, est un poisson.

Le squelette des poissons est notablement différent de celui des autres vertébrés.

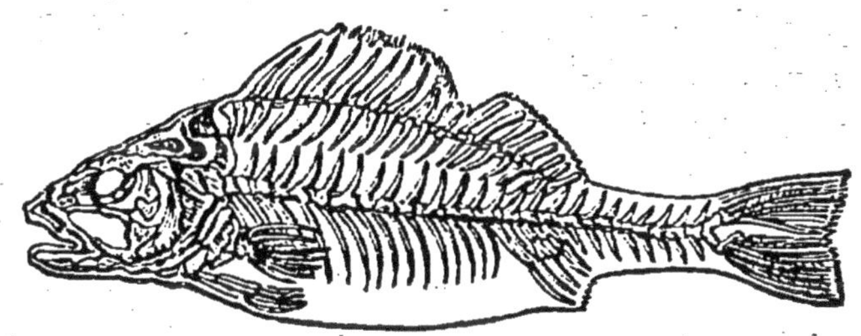

Squelette de la carpe.

Leurs membres sont représentés par des nageoires disposées, les unes sur le dos ou sur le ventre, les autres de chaque côté du corps, immédiatement derrière la tête, et dans le voisinage de la queue.

Le poisson s'avance dans l'eau en se servant de sa queue et de ses nageoires en guise de rames.

La plupart des poissons sont carnassiers : aussi sont-ils armés généralement de dents nombreuses, qui garnissent les mâchoires, le palais, la langue et même l'arrière-bouche; un petit nombre seulement se nourrit de matières végétales.

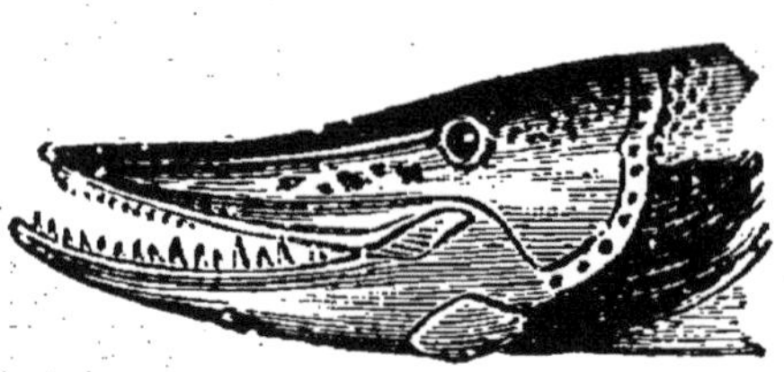

La bouche et les dents du brochet.

Mais, en dehors de ces caractères communs, les poissons présentent entre eux de grandes différences quant à la grosseur, la forme et la manière de vivre. Quel contraste entre l'immense requin et le petit goujon?

Nous avons dit, dans le *Cours élémentaire*, combien est prodigieuse la fécondité des poissons. Une seule femelle de morue pond près de 10 millions d'œufs chaque année.

Énumération de quelques poissons. — Je vous citerai seulement quelques espèces de poissons, pris parmi ceux qui sont les plus curieux ou les plus utiles. Commençons les poissons d'eau douce.

L'épinoche, le plus petit des poissons d'eau douce, se construit un nid.

La *perche* est un beau poisson très répandu dans les lacs, les fleuves, les rivières et les ruisseaux de toute l'Europe; elle atteint quelquefois quarante centimètres de longueur. Elle se nourrit d'insectes, de vers et surtout de petits poissons, dont elle détruit de grandes quantités. Les perches sont à leur tour mangées par les brochets. La perche est un excellent aliment.

L'*épinoche* est analogue à la perche comme forme; c'est le plus petit des poissons d'eau douce. Elle est rarement mangée par les autres poissons, à cause des épines dures dont son dos est hérissé. Elle se distingue surtout par l'habitude qu'elle a de construire un nid, dans lequel elle dépose ses œufs. L'épinoche est très répandue dans tous les cours d'eau, dans les lacs, les étangs.

La *carpe* vit dans tous les climats; elle atteint parfois plus d'un mètre de longueur; sa chair est assez délicate. (*Voir* la figure, page 66.)

Le *barbeau* se plaît dans les courants rapides : il est très vorace. Le *goujon*, toujours de petite taille, est très estimé. La *tanche*, plus grosse, préfère les eaux stagnantes. Le *brochet*, le plus vorace des poissons d'eau douce, se rencontre presque partout en Europe; il mange tout ce qu'il trouve, poissons, mollusques, reptiles, rats et oiseaux qui s'aventurent dans le voisinage de l'eau; il inspire à tous les poissons une profonde terreur. Il pèse jusqu'à vingt-cinq kilogrammes.

L'*anguille* ressemble à un serpent; elle est aussi très vorace. Quand elle habite les rivières, elle se rend chaque année à la mer pour y pondre ses œufs. Les jeunes, peu de temps après leur naissance, remontent les rivières. Dans certains fleuves, tels que la Loire, la montée de ces petites anguilles est si prodigieuse qu'on en charge, en peu de temps, des voitures entières, dans le but d'en peupler les étangs.

Le *saumon*, tour à tour poisson d'eau de mer et poisson d'eau douce, naît dans nos fleuves, s'accroît et se complète dans la mer. Chaque année, les saumons quittent l'Océan pour remonter les fleuves, et venir y déposer leurs œufs.

Ils restent dans les fleuves pendant l'été, puis retournent passer l'hiver dans la mer. Rien ne les arrête dans leur course : écluses, barrages, cascades, cataractes, ils franchissent tout. Ils s'élancent hors de l'eau, en frappant brusquement le liquide avec leur queue, et sautent ainsi par-dessus des obstacles de plusieurs mètres de hauteur. Le saumon est fort estimé ; sa chair est très délicate : elle ressemble beaucoup à celle de la *truite*, notre meilleur poisson d'eau douce.

Passons maintenant aux poissons de mer.

Le *maquereau* est un poisson de passage ; il arrive au printemps sur les côtes de France, et on l'y rencontre jusqu'à l'automne. C'est une des principales ressources de nos pêcheurs.

Le *thon*, qui pèse jusqu'à 500 kilogrammes, se pêche surtout sur les côtes de la Méditerranée. Cette pêche se fait en grand, par une véritable flottille de barques de pêcheurs. Les thons se mangent frais, mais on en conserve une quantité considérable, salés, marinés ou à l'huile.

L'*espadon* mesure souvent 7 mètres de longueur ; il a le

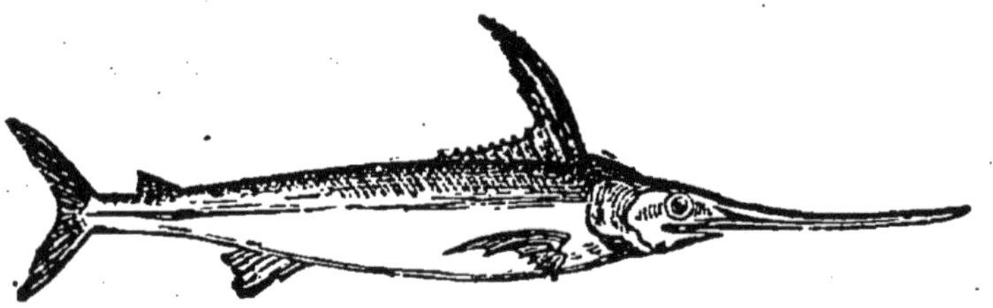

L'espadon a 7 mètres de longueur. — Il est armé d'une lame tranchante très redoutable.

museau armé d'une longue lame, tranchante comme celle d'une épée, qui le rend très redoutable à ses ennemis.

Le *hareng* a dans l'alimentation une très grande importance : on le mange frais ; on le conserve salé ou fumé (*hareng saur*). Il est surtout abondant dans les mers du nord. La pêche du hareng est une industrie très lucrative, à laquelle sont employés plusieurs milliers de bateaux ; on capture chaque année bien des millions de ces poissons.

Il en est de même de la petite *sardine*, qu'on conserve surtout à l'huile ou salée. Elle est très abondante sur les côtes de Bretagne.

La *morue* ne dépasse pas un mètre de longueur; c'est un animal très vorace, qu'on rencontre surtout dans les mers du nord, et à de grandes profondeurs. On la pêche principalement dans le voisinage de l'île de Terre-Neuve. On estime à six mille le nombre des navires de toutes les nations qui se livrent à la pêche de la morue; 200 000 marins vivent de cette pêche. La morue se conserve surtout sèche et salée.

La *sole*, le *turbot*, le *carrelet*, sont des poissons plats, de forme singulière, dont la chair est très estimée. Il en est de même de la *raie*.

La raie est un poisson plat. — Elle atteint un mètre de longueur.

L'*esturgeon* pèse quelquefois 800 kilogrammes. Il remonte les grands fleuves, dans lesquels on le capture. Sa

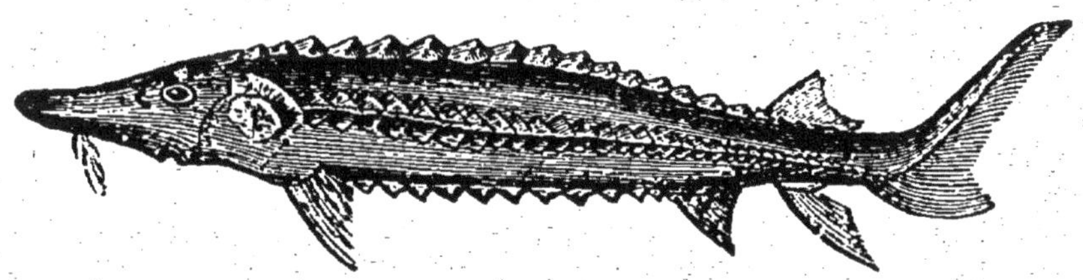

L'esturgeon se prend dans les grands fleuves, alors qu'il y vient de la mer. — Longueur : 2 mètres.

chair est très estimée; avec ses œufs on prépare un aliment très usité en Russie, sous le nom de *caviar*.

Enfin, le plus gros et le plus terrible des poissons est le *requin*, capable de dévorer toutes les proies vivantes qu'il rencontre. Il atteint 9 mètres de longueur; chaque mâchoire de ce monstre des mers possède plusieurs rangées de terribles dents, avec lesquelles il coupe facilement un homme en deux.

VIII. — EMBRANCHEMENT DES ANNELÉS.

Caractères distinctifs des annelés. — L'embranchement des *annelés* renferme des animaux sans os dont la peau est composée d'anneaux emboîtés les uns dans les autres.

Disposition du système nerveux
de l'écrevisse.

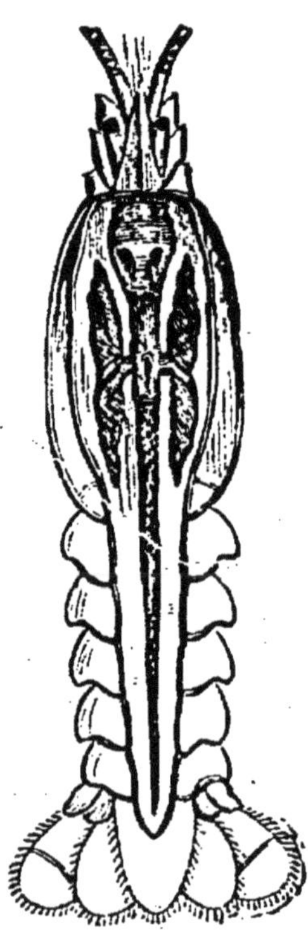

Disposition de l'appareil digestif
de l'écrevisse.

Ces anneaux articulés, entourant le corps et souvent même les membres, sont presque toujours assez durs : ils remplacent le squelette des vertébrés, et prêtent aux muscles les points d'appui nécessaires pour que l'animal puisse marcher, courir, sauter, nager, voler. Cette armure solide détermine la forme générale du corps de l'*annelé;* elle enveloppe et protège les parties molles, les muscles, les organes intérieurs.

Tout cela est particulièrement sensible dans l'écrevisse, dans le hanneton.

L'organisation intérieure des annelés diffère beaucoup de l'organisation des vertébrés.

Prenons par exemple une écrevisse. Elle n'a ni cerveau, ni moelle épinière. Son *système nerveux* se compose d'une chaîne présentant des renflements de distance en distance; de cette chaîne et de ces renflements partent les nerfs qui vont dans les différentes parties du corps.

L'appareil digestif diffère moins de celui des vertébrés. Il va de l'une à l'autre des extrémités du corps, le plus souvent en ligne droite : les intestins sont donc très courts. La bouche est garnie le plus souvent de plusieurs paires de mâchoires destinées à saisir et à broyer les aliments. Ces mâchoires sont en dehors de la bouche; leur disposition varie suivant le genre de nourriture de l'animal. Voyez combien est compliquée la bouche de l'écrevisse, du hanneton ou de la courtilière. Mais il faut y regarder de près, car ces organes sont bien petits.

Dans l'intérieur de l'estomac de l'écrevisse se trouvent des dents puissantes, qui continuent la mastication incomplètement faite par les mâchoires.

Le *sang* des annelés est le plus souvent blanc, ou légèrement coloré. Le cœur n'a qu'une seule cavité, il est donc plus simple que celui des vertébrés.

Souvent même il n'y a pas de cœur du tout; le sang va dans les organes, poussé par les contractions d'une sorte d'artère principale qui règne le long du dos de l'animal.

Au point de vue de la *respiration*, les annelés diffèrent

beaucoup les uns des autres; les uns sont disposés pour respirer dans l'air, les autres pour respirer dans l'eau.

Nous dirons seulement quelques mots des principaux annelés.

Les insectes[1]. — Examinez ce *papillon*, ce *hanneton*, cette *mouche*...; ce sont des insectes. Leur corps est composé de trois parties : une *tête*, un *corselet* qui porte six pattes et le plus souvent deux ou quatre ailes, et enfin un *abdomen* ou *ventre*.

Tous les insectes se reconnaissent à ce caractère : leur corps est toujours nettement divisé en trois parties; ils ont toujours six pattes.

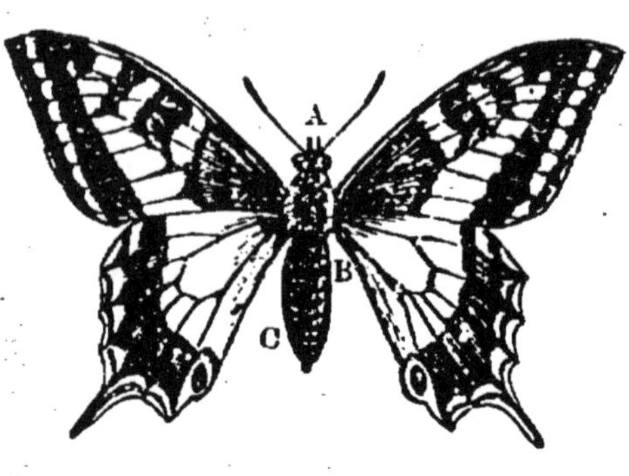

A, Tête du papillon. — B, Corselet pour les pattes et les ailes. -- C, Ventre.

Les insectes respirent dans l'air, mais pas au moyen de poumons. L'air entre par de petites ouvertures percées sur les côtés du corps, et se rend dans des conduits étroits, nommés *trachées*, qui vont trouver le sang dans les divers organes. Leur système nerveux et leur appareil de la digestion et de la circulation sont tels que nous l'avons dit dans le paragraphe précédent.

Les insectes possèdent les cinq sens portés à un degré de développement très avancé. Ils sont d'une fécondité extraordinaire; ils pondent des œufs en grand nombre.

La plupart éprouvent des métamorphoses après leur naissance; les papillons naissent à l'état de *chenilles*, puis ils deviennent *chrysalides* et enfin *papillons*.

Nous avons dit, dans le *Cours élémentaire*, quels sont les principaux insectes utiles et les principaux insectes nuisibles.

1. Voir, pour compléter ces notions sur les insectes, le *Cours élémentaire*, leçons XVII, XVIII, XIX, pages 44, 48 et 51.

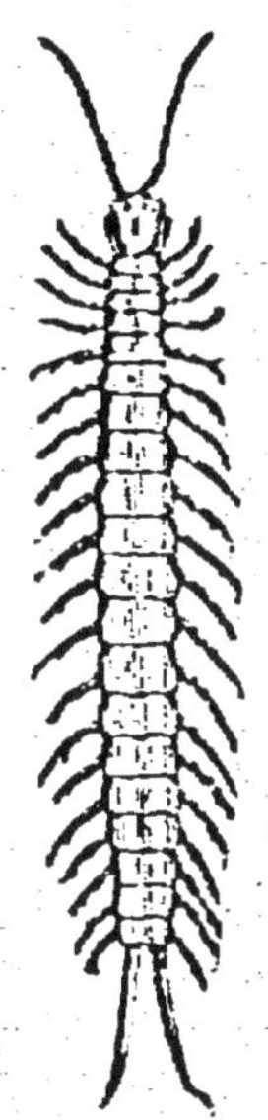

Mille-pieds.

Les *mille-pieds*, ou *scolopendres*, dont vous connaissez plusieurs espèces, ne sont pas des insectes; mais ils ressemblent beaucoup aux insectes, dont ils ne diffèrent guère que par le nombre plus considérable de leurs pattes.

Les araignées, les scorpions, etc. — Les *araignées* ressemblent aussi aux insectes, mais elles en diffèrent beaucoup plus, cependant, qu'on ne le croirait au premier abord. Elles respirent souvent, en effet, par de véritables poumons, tandis que les insectes respirent par des trachées. Elles ont toujours huit pattes.

Les araignées ont à la bouche des *crochets venimeux*, avec lesquels elles piquent, engourdissent et tuent les petites bestioles dont elles font leur proie. Elles se nourrissent, en effet, d'insectes qu'elles prennent vivants; elles ne les dévorent pas, et se

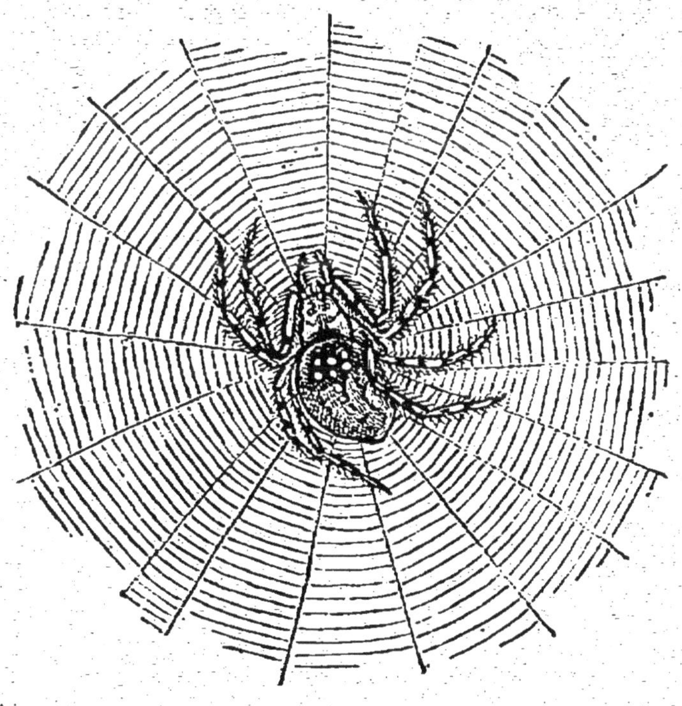

Araignée domestique (grandeur naturelle).

contentent d'en sucer le sang. Le venin de certaines grosses araignées d'Amérique est capable de produire chez l'homme un violent accès de fièvre.

Les araignées se reproduisent par des œufs. Elles vivent généralement dans l'air; elles tendent des toiles, artistement construites, dans nos jardins et nos habitations, pour arrêter leur proie. La matière soyeuse dont ces toiles sont tissées sort, en un fil extrêmement fin, par une ouverture située à l'extrémité de l'abdomen. Aussitôt qu'un insecte a été pris dans la toile, l'araignée se précipite, l'engourdit par sa piqûre, puis le garotte en l'entourant de fils.

Vous connaissez plusieurs espèces différentes d'araignées, de tailles très diverses.

Les *scorpions* sont analogues aux araignées; ils ont aussi huit pattes, mais une longue queue et deux pinces puissantes. Le scorpion d'Afrique atteint une longueur

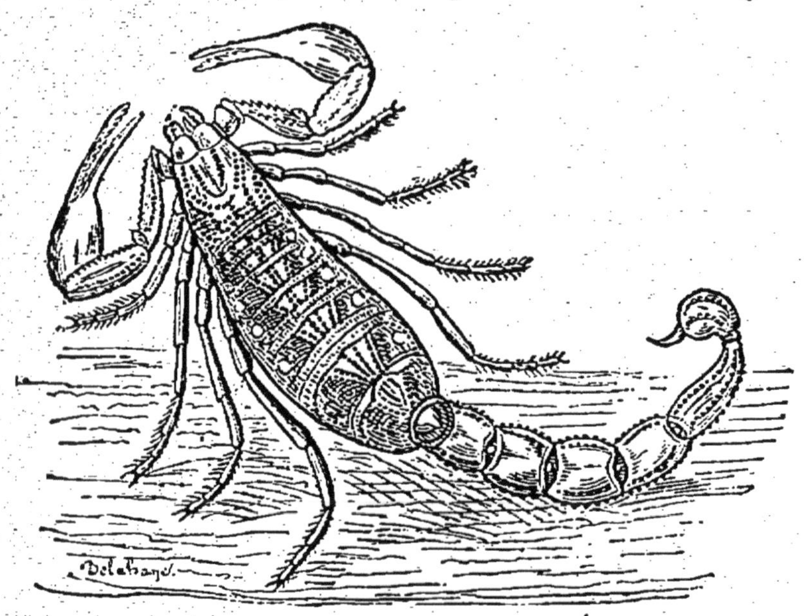

Scorpion de France (grandeur naturelle), animal dangereux.

de 15 centimètres; les scorpions de France sont beaucoup plus petits. Ces animaux vivent dans les lieux arides, dans les endroits sombres; ils se glissent même dans les habitations. Leur queue se termine en un *crochet*, par lequel les scorpions versent, dans les piqûres qu'ils font, un venin beaucoup plus dangereux que celui des araignées. La piqûre du scorpion de France détermine une fièvre intense et une vive douleur; celle du scorpion d'Afrique peut même causer la mort.

A côté de l'araignée et du scorpion, nous devons aussi placer des animaux beaucoup plus petits. La *mite du fromage* se trouve sur la croûte du vieux fromage; elle y pullule en quantité considérable : on dirait de la poussière; mais quand on y regarde de très près, on voit marcher cette poussière.

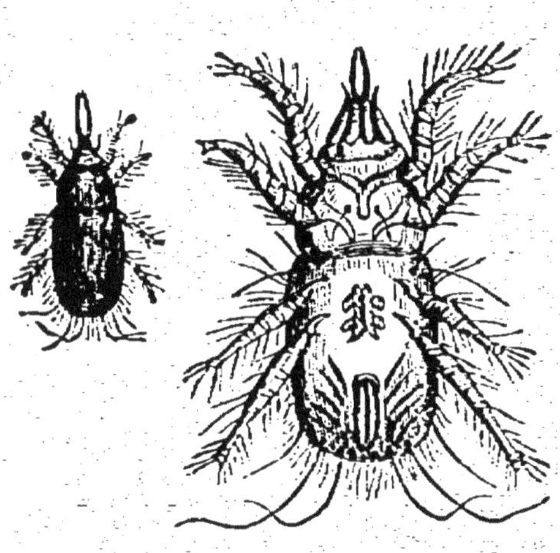

Mite du fromage, très grossie.

La maladie de la *gale* est due à un très petit animal à huit pattes, à peine visible à l'œil, qui se place dans les rides de la peau, s'y multiplie très rapidement, y creuse de vraies galeries, et cause des démangeaisons épouvantables. Quelques frictions faites avec une pommade sulfureuse suffisent pour faire périr cet hôte incommode, et guérir le malade.

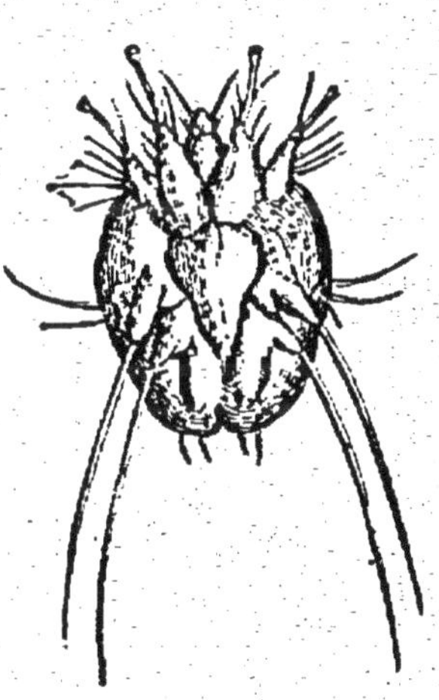

Animal de la gale, très grossi.

Les crustacés. — Les *crustacés*, dont l'écrevisse est le type le plus connu, sont aussi des annelés. Leur peau est dure, solide, pierreuse ; ils respirent dans l'eau, ordinairement par des branchies. Beaucoup de crustacés sont employés comme aliments : leur chair est nourrissante, mais d'une digestion un peu difficile.

La bouche des crustacés est armée généralement de

trois paires de mâchoires, et de plusieurs *mandibules*. Les pattes, ordinairement au nombre de dix ou de quatorze, sont de forme variable suivant qu'elles servent à marcher

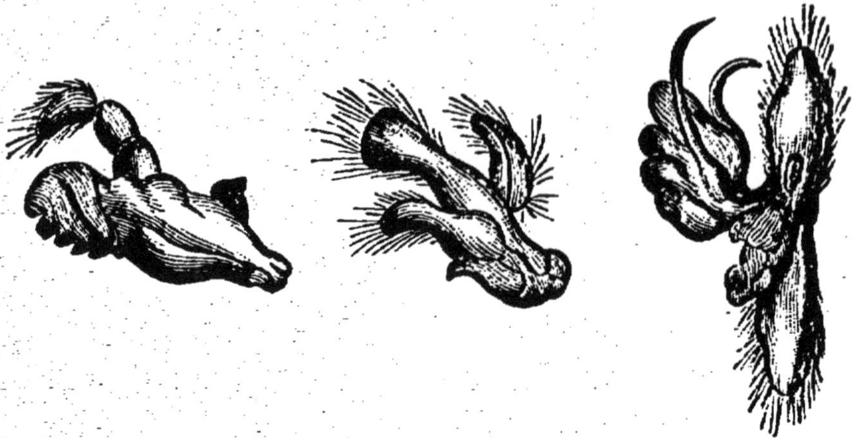

Mandibules et mâchoires armant la bouche de l'écrevisse.

au fond de l'eau, à nager ou à saisir les corps; dans ce dernier cas, elles sont terminées par une sorte de pince.

L'*écrevisse* vit dans l'eau, comme les poissons; c'est un crustacé d'eau douce; elle fuit la lumière et se retire dans les endroits abrités du soleil. Elle marche lentement au fond de l'eau, ou nage avec vitesse. Elle mange surtout des animaux : mollusques, sangsues, insectes, têtards, petits poissons; elle s'attaque aussi aux cadavres que lui apporte le courant. Sa vie est longue et sa croissance fort lente.

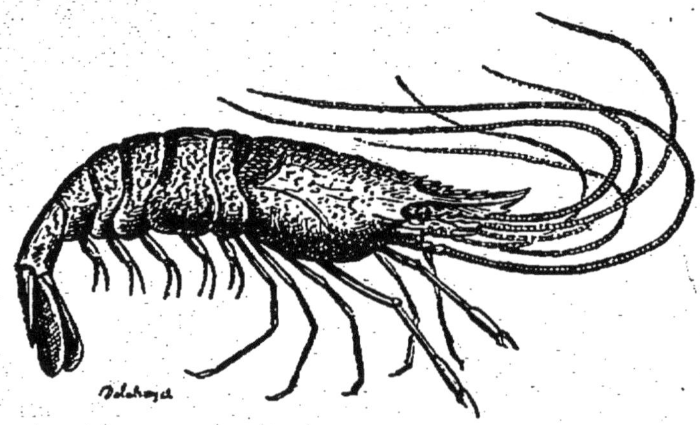

La crevette (grandeur naturelle).

La *langouste*, le *homard*, sont des crustacés marins ressemblant beaucoup à l'écrevisse, mais de plus grande taille. La *crevette*, au contraire, est bien plus petite. Le *crabe* a une forme plus ramassée.

Le *cloporte* est un crustacé terrestre. Il habite les lieux obscurs et humides, les celliers, les caves, les fentes des murs ; on le rencontre surtout sous les pierres.

Les vers. — Les *vers* ont aussi la peau constituée par des anneaux emboités les uns dans les autres : ce sont donc des annelés. Ils ont le corps très allongé, et ne possèdent pas de pattes. Ils respirent par des branchies, ou même sans organes particuliers de la respiration : l'air passe tout simplement à travers la peau, et va trouver le sang.

Vous connaissez les *vers de terre* ; ils se trouvent dans les sols humides, et se nourrissent de la terre, dont ils retirent les matières nutritives. Lorsqu'un ver a été coupé en deux, il ne périt pas pour cela ; les deux moitiés vivent séparément ; à la moitié de derrière il pousse une tête, à la moitié de devant il pousse une queue, et bientôt on a deux vers complets. Ce sont là, n'est-ce pas, des animaux bien différents de tous ceux dont nous avons parlé jusqu'ici.

Les *sangsues* vivent dans l'eau ; leur corps se ramasse sur lui-même, ou s'allonge à volonté. A l'extrémité de la queue elles portent une *ventouse* qui leur permet de se fixer à la surface des objets. La bouche est armée de trois mâchoires dures, fortes, munies de petites dents formant une scie ; quand la sangsue applique fortement sa bouche sur la peau d'un animal, et qu'elle le mord, elle fait

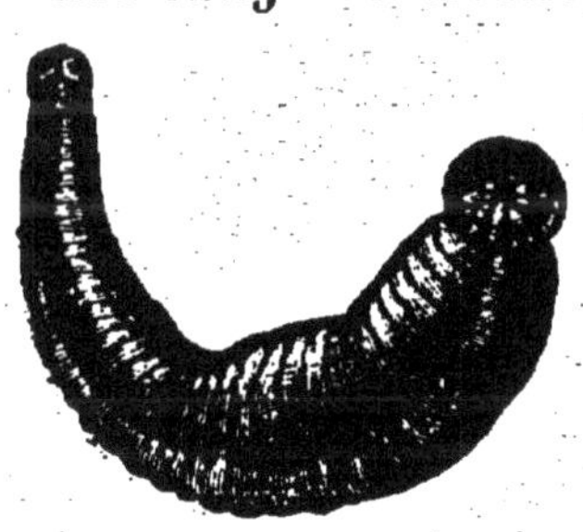

Sangsue,
montrant les trois scies
qui arment sa bouche.

une blessure étoilée à trois branches, par laquelle elle suce le sang jusqu'à ce qu'elle en soit entièrement gonflée. Les sangsues sont employées en médecine. Elles habitent les étangs, les marais, les fossés, les ruisseaux.

Les *vers intestinaux* sont ceux qui vivent dans les in-

9.

testins de l'homme ou des animaux. Il y en a qui ressemblent beaucoup aux vers de terre; d'autres, comme celui qu'on nomme *ver solitaire*, sont blancs et atteignent une longueur de plusieurs mètres. On trouve aussi des vers, non seulement dans les intestins, mais encore dans les autres organes, et notamment dans les muscles. Ces vers occasionnent souvent de graves maladies, et même la mort; ils ont un mode de reproduction très complexe, que je ne puis pas vous indiquer ici : sachez seulement que le ver solitaire, par exemple, nous est donné quand nous mangeons de la viande d'un *porc ladre*, sans l'avoir fait cuire assez pour tuer le germe du ver. Un autre ver, la *trichine*, qui se reproduit et se multiplie dans les muscles, nous est communiqué par la viande mal cuite d'un porc trichiné.

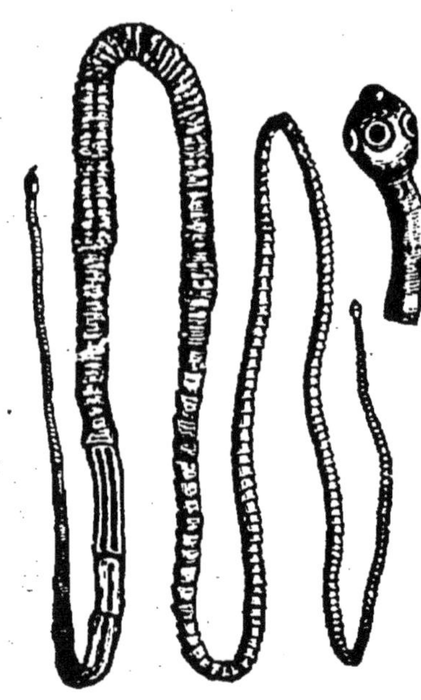

Le ver solitaire, qu'on trouve dans l'intestin de l'homme. Ses germes se développent dans le corps quand on a mangé la viande peu cuite d'un porc ladre.

Observation. — Il serait à désirer que le maître possédât une bonne loupe, à l'aide de laquelle il montrerait aux enfants les animaux et les organes de petite taille. Cette loupe rendrait encore de grands services dans l'étude de la botanique.

IX. — EMBRANCHEMENT DES MOLLUSQUES.

Caractères distinctifs des mollusques. — Les *mollusques* sont des animaux sans os, dont la peau n'est pas formée d'anneaux successifs. Cette peau est épaisse, musculaire, et peut se contracter. Ils sont souvent renfermés dans une sorte d'enveloppe dure, nommée coquille. Leurs organes intérieurs de la digestion, de la circulation, de la respiration et du système nerveux se rapprochent plus de ceux des annelés que de ceux des vertébrés.

Ces animaux ne peuvent ni sauter, ni même marcher : ils rampent. Leurs sens n'ont pas beaucoup de finesse. Ils se reproduisent par des œufs. La disposition de leur bouche est en rapport avec les aliments dont ils font leur nourriture habituelle. Les uns se jettent sur une proie qu'ils saisissent et dévorent ; d'autres vivent d'animaux morts ou de végétaux ; d'autres, enfin, fixés sur les rochers sans pouvoir se déplacer, se contentent de ce que l'eau leur apporte. Du reste, la plupart des mollusques peuvent vivre longtemps sans manger.

Les mollusques ont une intelligence peu développée : ils diffèrent beaucoup, en cela, des vertébrés, et même de certains annelés, comme les insectes.

Un grand nombre de mollusques servent d'aliments ; les huîtres, les moules, les escargots, les seiches....

Énumération de quelques mollusques. — Certains mollusques ont des coquilles, d'autres ont le corps nu ; il y en a qui vivent dans la mer, d'autres dans les eaux douces, d'autres sur terre.

Le *poulpe* a le corps nu ; sa tête est très volumineuse et armée de huit grands bras formant une sorte d'entonnoir, au fond duquel se trouve la bouche. Cette bouche se compose de deux pièces dures, courbées en bec de perroquet, et qui, agissant comme des mâchoires, déchirent la

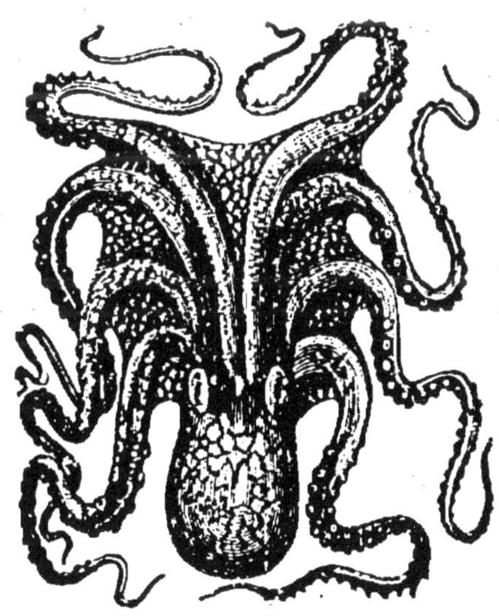

Le poulpe, mollusque marin à grands bras, qui atteint plusieurs mètres de développement.

proie de l'animal. La respiration se fait par des branchies. L'animal a deux grands yeux.

A l'extrémité du corps, le poulpe possède une poche constamment remplie d'une substance brune semblable à de l'encre. Quand un danger le menace, le poulpe répand cette substance autour de lui, de manière à troubler l'eau et à se dérober à la poursuite de ses ennemis. Les *seiches*, très répandues dans les mers qui baignent les côtes de France, ont également une poche à encre.

Les poulpes habitent exclusivement la mer. Ils y nagent avec facilité, à l'aide de leurs grands bras, qui leur servent aussi à saisir la proie, à l'enlacer et à la retenir. Leur voracité est extrême ; ils détruisent surtout les homards et les langoustes.

L'*huître* a une forme toute différente. Elle habite dans une double coquille, qui s'ouvre et se ferme à son gré ; cette coquille se fixe, peu de temps après l'éclosion, à quelque rocher, qu'elle ne peut plus jamais quitter. Les huîtres vivent par bandes énormes, sur les côtes de France ; on les soigne, de façon à favoriser leur reproduction et leur développement, car leur chair est fort estimée des gourmets.

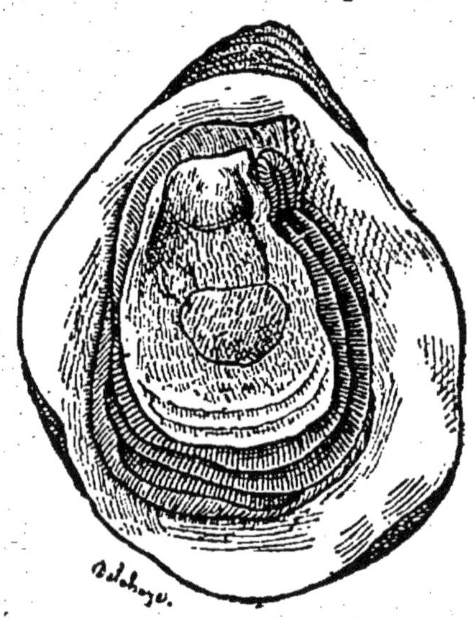

L'huître et sa coquille.

La coquille de l'huître constitue une substance, la *nacre*, avec laquelle on fait divers objets de luxe très brillants.

Dans les huîtres, surtout dans certaines espèces, on trouve fréquemment des excroissances blanches, très dures, arrondies, dues sans doute à une maladie de l'animal. Ces excroissances, nommées *perles fines*, sont très recherchées pour la parure des dames : certaines perles ont été vendues plus de 20 000 francs.

La *moule* possède aussi une double coquille, plus noire

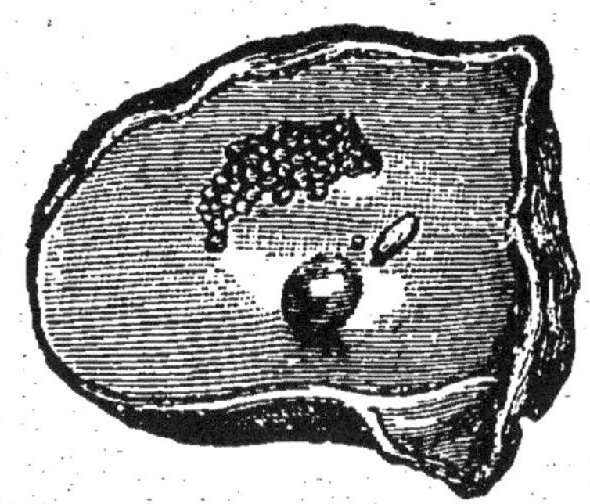

Huître renfermant une perle fine.

et plus régulière que celle de l'huître. La moule se fixe aux rochers, mais elle peut s'en détacher quand elle le veut, pour aller se fixer ailleurs. On trouve des moules dans les eaux douces et dans la mer. Elles sónt comestibles, comme les huîtres, mais bien moins délicates au goût.

Les *limaces* et les *escargots* sont des mollusques qui vivent sur terre.

Les limaces ne sont que trop connues par les dégâts qu'elles exercent dans les jardins. Vous avez remarqué comme elles s'avancent en rampant, en tirant des *cornes*, à l'extrémité desquelles sont leurs yeux. Les limaces recherchent les lieux frais et humides ; elles craignent également le froid et la chaleur, mais elles aiment beaucoup la pluie. Elles se nourrissent de bourgeons, de jeunes pousses, de fruits, de champignons : ce sont des bêtes très malfaisantes, auxquelles les hérissons et les crapauds font, heureusement, une guerre acharnée. Les dégâts des limaces sont surtout sensibles dans les potagers; on préserve les semis et les légumes en entourant les carrés avec de la cendre, qui tient à distance ces animaux nuisibles.

Les *escargots* sont encore plus à redouter que les limaces, car ils sont plus nombreux. Leur corps ressemble beaucoup à celui de ces dernières; mais il est complété par une coquille simple, contournée en spirale, sorte de maison mobile que l'animal porte toujours avec lui.

L'escargot s'engourdit pendant l'hiver ; il se réfugie dans un trou et y demeure, sans prendre de nourriture, pendant toute la saison froide. Son corps est alors complètement renfermé dans la coquille, qui se ferme par une espèce de couvercle fixe et dur. Plusieurs espèces d'escargots constituent un aliment sain et agréable.

X. — EMBRANCHEMENT DES ZOOPHYTES.

Caractères distinctifs des zoophytes. — Les *zoophytes* sont les derniers des animaux; il est à peu près impossible d'y reconnaître l'existence d'aucun organe. Dans la plupart de ces animaux on ne voit plus ni organe de la digestion, ni organe de la respiration, ni sang, à peine des vestiges de nerfs et des sens très imparfaits. L'eau de la mer, quand ils vivent dans la mer, les pénètre et les nourrit.

Beaucoup sont arrondis, semblables à une boule, à une roue, à une étoile, à un parapluie. Les uns se reproduisent par des œufs, d'autres en se divisant en plusieurs morceaux, dont chacun devient un animal complet.

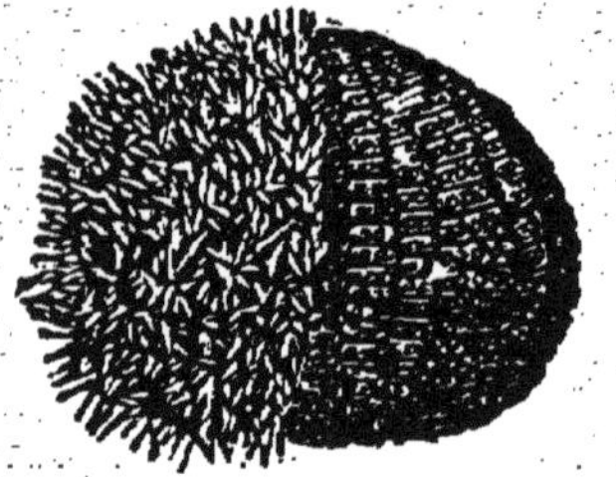

L'oursin ou hérisson de mer. — Les épines du côté droit ont été enlevées.

Énumération de quelques zoophytes. — Nous citerons seulement quelques zoophytes; la plupart d'entre vous n'en connaissent et n'en pourront connaître presque aucun.

Les *éponges* ont la forme d'une coupe fixée au fond de l'eau par son pied. Elles se composent d'une masse gélatineuse vivante, soutenue par une sorte de squelette résistant que vous connaissez sous le nom d'*éponge*. La plupart des éponges employées en France proviennent du fond de la mer Méditerranée.

L'*oursin* ou *hérisson de mer* est arrondi en forme de boule. Sa surface est dure et hérissée de piquants. Cet animal se déplace et se taille même une demeure dans les rochers les plus durs. L'*étoile de mer* a la forme d'une étoile, l'*anémone de mer* (*Voir* la figure, page 57), ressemble à une fleur. La *méduse* a la forme d'un parapluie; elle est molle et

La méduse, zoophyte marin.

pourvue de longs bras qui descendent dans l'eau : on la rencontre partout flottant à la surface de la mer.

Certains zoophytes vivent en colonie : ce sont les *polypes*. Le *corail* est un de ces polypes : il ressemble à une très petite fleur. Un grand nombre de ces animaux se fixent sur une sorte de branche très dure, qui est leur propre ouvrage, de telle sorte qu'on croirait voir un arbre pourvu de beaucoup de fleurs. Cette branche dure, généralement de couleur rouge, est très recherchée pour la parure : on va l'arracher à de grandes profondeurs en mer.

Une colonie de coraux. — Chaque animal, semblable à une petite fleur, est fixé sur la branche dure et rouge qui est le support commun.

Les polypes, et principalement les coraux, forment souvent, par la superposition des branches dures qu'ils produisent, des masses solides assez considérables pour devenir des écueils au milieu de la mer, et même des îles.

Enfin les derniers des animaux, les plus simples des zoophytes, sont tellement petits, qu'on ne peut les voir à l'œil nu. Ils sont seulement visibles à l'aide d'instruments (microscopes) qui les montrent beaucoup plus gros qu'ils réalité.

Les germes de ces animaux si petits sont la cause des fermentations et des putréfactions que vous observez si souvent; ils produisent aussi la plupart des maladies contagieuses, comme la petite vérole, le charbon.....

LES VÉGÉTAUX[1].

I. — DESCRIPTION RAPIDE D'UN VÉGÉTAL.

La diversité de forme des végétaux est très grande. — Il y a dans les plantes d'aussi grandes différences de forme que dans les animaux.

Le *chêne*, le *blé*, le *champignon*, la *mousse*, ne se ressemblent pas plus que ne se ressemblent la *baleine*, le *bœuf*, la *puce*, et l'*huître*.

Il est donc impossible de décrire à la fois toutes les plantes. Aussi allons-nous commencer par énumérer les organes que l'on rencontre dans les végétaux les plus parfaits, ceux que vous connaissez le mieux, tels que les arbres, les fleurs de nos jardins, et les légumes qui poussent dans nos champs.

Nous dirons ensuite quelques mots des plantes plus simples, que l'on peut comparer aux animaux inférieurs, aux zoophytes.

1. Les enfants n'apprendront à connaître les plantes, que si on les leur montre dans le cours des promenades scolaires. Aucune description, aucune image ne sauraient remplacer la vue de l'objet lui-même. Nous nous sommes donc contenté de nommer ici les plantes principales, sans les décrire. Nous avons insisté seulement sur l'organisation générale des végétaux, sur les conditions de la vie végétative et sur les principes les plus simples de la classification botanique. Les herborisations feront le reste.

Des développements avaient été déjà donnés, dans le *Cours élémentaire*, sur un grand nombre de plantes. Nous n'avons pas pu les reproduire ici, mais on devra forcément les étudier de nouveau dans le cours moyen. Les notions sur les végétaux seront donc complétées par un retour aux leçons XXXIX à XLIV (pages 108 à 127) et L à LVI (pages 142 à 164) du *Cours élémentaire*.

Principaux organes de la plante. — Considérez ce pied de *fève*, que je viens d'arracher dans le jardin.

Vous y distinguez facilement quatre parties : des *racines*, qui étaient cachées sous la terre, une *tige*, à laquelle sont fixées les *feuilles* et les *fleurs*. Si nous arrachons, dans quelques jours, un nouveau pied de fève, nous n'y verrons plus de fleurs, mais des *fruits*, c'est-à-dire des *fèves* enfermées dans une *gousse*.

Les *racines*, la *tige*, les *feuilles*, les *fleurs* et les *fruits* sont justement les parties essentielles de tous les végétaux supérieurs. Nous indiquerons à quoi servent ces organes dans la vie, le développement et la reproduction de la plante.

II. — LES RACINES.

Les racines soutiennent la plante et puisent dans le sol une partie de sa nourriture. — Les *racines* soutiennent la plante et la fixent au sol. Elles puisent dans la terre les substances qui nourrissent le végétal, qui le font vivre et croître.

Si vous arrachez une plante, vous verrez que la racine porte un grand nombre de ramifications très petites, assez semblables à des fils. On a donné à ces ramifications le nom de *radicelles*. C'est par l'extrémité de toutes ces radicelles que la plante puise sa nourriture dans le sol : une racine dont on aurait enlevé les radicelles ne serait plus capable de remplir son rôle.

Vous savez de quoi se compose la terre végétale, dans laquelle s'enfoncent les racines[1]. C'est un mélange de *pierre calcaire en poussière*, d'*argile*, de *sable* et de *débris végétaux de toutes sortes;* elle est en outre constamment imprégnée d'*humidité*. Dans l'eau qui imprègne ainsi le sol, se dissolvent les *matières nutritives* qui seront les *ali-*

---

1. Voir le *Cours élémentaire*, leçon XXXVIII, page 106.

ments de la plante; elles s'y dissolvent, comme le sucre se dissout dans l'eau dont ce verre est rempli. Cette eau, ainsi chargée de substances diverses, pénètre dans les racines à travers les parois très minces des radicelles, et, montant ensuite dans la plante, constitue la *sève*.

Nécessité des engrais. — Les matières nutritives contenues dans le sol proviennent principalement des débris végétaux de toutes sortes qui s'y trouvent mélangés avec le calcaire, l'argile et le sable. Mais cette provision de matières nutritives s'épuise à la longue, surtout lorsqu'on demande à la terre des récoltes abondantes et répétées chaque année.

Il est donc indispensable de renouveler constamment la provision d'aliments; les *engrais*, que vous connaissez tous, ont précisément pour but de maintenir la fertilité, en compensant les pertes de substances alimentaires emportées par les récoltes.

La terre la plus fertile deviendrait improductive si l'on restait plusieurs années sans lui donner d'engrais.

Les végétaux sont, du reste, comme les animaux : chacun prend la nourriture qui lui convient le mieux. Ceci vous explique pourquoi tel arbre pousse très bien dans un terrain, et reste rabougri dans un autre terrain de composition différente. Ceci vous explique aussi pourquoi, lorsqu'on cultive la même plante pendant plusieurs années dans un même champ, les récoltes s'affaiblissent. C'est que le sol finit par manquer complètement des aliments indispensables au développement de cette plante; un autre végétal, demandant une autre nourriture, pousserait, au contraire, fort bien dans cette terre qui semble épuisée.

Nécessité de l'arrosage. — Pour que les substances alimentaires puissent se dissoudre et pénétrer dans les radicelles, il faut que la terre soit imprégnée d'humidité.

Aussi les plantes ne tardent-elles pas à se dessécher, puis à périr, lorsque la pluie se fait attendre trop longtemps. Il est souvent possible de remédier aux dégâts causés par la sécheresse en *irriguant* les terres, c'est-à-dire en y distribuant habilement l'eau des étangs, des ruisseaux ou des sources.

Dans les jardins on se contente d'*arroser* les plantes dès que le sol ne contient plus assez d'humidité.

Racines adventives. — Il arrive assez souvent que les racines principales ne suffisent pas à soutenir la plante ni à pourvoir à sa nourriture. On voit alors apparaître des racines supplémentaires, nommées *racines adventives*, qui prennent naissance sur diverses parties du végétal.

Voyez ce petit bulbe d'*oignon*. Il a été arraché en été, et il n'a plus de racines. Quand nous le planterons au printemps, des racines nombreuses apparaîtront à sa base, et le bulbe se développera, grossira, de manière à produire un oignon complet, plus gros que le poing.

Regardez maintenant le *lierre* qui couvre notre mur.

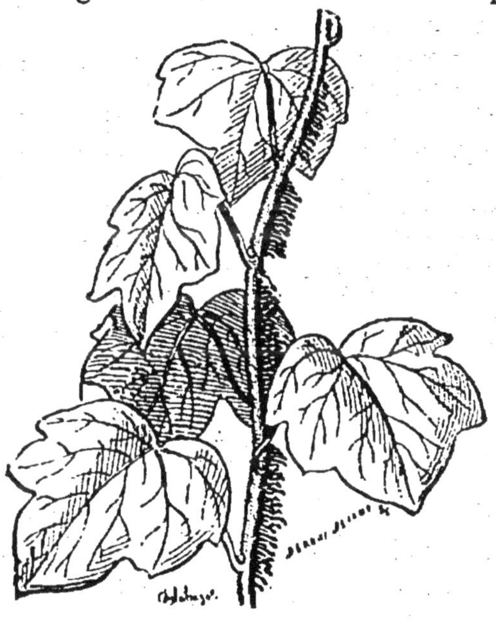

Tige de lierre avec ses racines adventives.

Sa tige est longue, et si grêle, qu'elle serait incapable de s'élever au-dessus du sol, si rien ne l'y aidait.

Mais il lui est poussé de nombreuses racines adventives qui, comme autant de crampons solides, l'ont fixée contre la muraille. Ces racines adventives contribuent même à puiser, dans le mortier sans cesse humide qui recouvre le mur, une partie de la nourriture du végétal.

Vous savez bien comment le *fraisier* se multiplie de lui-même. Du plan principal partent de longs cordons qui rampent à la surface du sol; à l'extrémité de chacun de ces cordons se développent des racines adventives qui s'enfoncent en terre, puis des feuilles. En quelques jours un seul fraisier a donné naissance à quatre ou cinq fraisiers semblables à lui, susceptibles d'être séparés du premier.

Boutures et marcottes. — Les jardiniers ont rapidement appris à imiter la nature. Ils savent, en mettant certaines

Marcottage d'une tige flexible de vigne. — Quand les racines adventives se seront développées, on séparera la branche du pied.

tiges au contact du sol humide, y faire pousser des racines adventives.

Pour obtenir des pieds de vigne, ils choisissent un pied vigoureux, courbent plusieurs de ses branches de manière à les enterrer partiellement dans le sol, et les fixent dans cette position au moyen d'une petite fourche de bois. Bientôt des racines adventives apparaissent sur chaque branche, dans la partie qui est sous terre. Dès que ces racines ont pris un développement suffisant, on coupe les branches de manière à les séparer du cep principal, et on a de petits pieds de vigne qui sont capables d'être transplantés et de vivre à part.

Cette opération se nomme *marcottage :* on a fait des *marcottes.*

Avec un grand nombre de plantes on peut opérer encore plus simplement. Qu'on coupe une branche de *saule,* de *peuplier,* de *rosier,* de *géranium...,* et qu'on la pique en terre : elle ne tardera pas à avoir des racines et à végéter vigoureusement.

Cette nouvelle opération se nomme *bouturage*. Vous avez tous fait des *boutures*.

Forme des racines. — Les racines sont plus ou moins nombreuses, plus ou moins longues, plus ou moins grosses, selon la plante qu'on examine.

Dans le *radis*, la *carotte*, le *navet*, la *rave*..., la racine a la forme d'un gros *pivot*, s'enfonçant verticalement dans le sol. De ce pivot partent d'autres racines, toujours plus petites. Ces racines, et toutes celles qui ont la même disposition, sont dites *racines pivotantes*.

Les racines pivotantes ne sont pas toujours aussi renflées que celles de la rave ou de la carotte. Ainsi la *luzerne*, le *chêne*, l'*orme* et la plupart de nos arbres forestiers ont des racines pivotantes qui s'enfoncent profondément dans le sol, mais ne sont pas renflées en forme de *tubercules*.

Au contraire, dans l'*oseille*, le *melon*, le *blé*, l'*avoine*, le *maïs*, le *fraisier*..., le pivot est fort court; les racines qui naissent de ce pivot sont bien développées, assez longues et ne s'enfoncent jamais très profondément. Elles rayonnent sous le sol presque à sa surface et s'étendent souvent au loin. Ce sont des *racines fibreuses*.

L'agriculteur doit connaître la forme des racines des plantes. Il doit savoir que le blé, dont les racines fibreuses ne pénètrent pas profondément, épuise les couches superficielles du sol, tandis que la betterave va chercher sa nourriture bien plus profondément, avec sa racine pivotante. Après une récolte à racines fibreuses, il devra demander au sol une récolte à racines pivotantes.

Si l'on veut arroser une plante à racine pivotante, il faut verser l'eau auprès du pied, ce qui permet au liquide d'arriver jusqu'aux radicelles; dans le cas d'une plante à racine fasciculée, dont les différentes parties s'écartent beaucoup du pied, en traçant un cercle étendu, il sera préférable de verser l'eau tout autour de la plante, à une certaine distance.

Les usages des racines. — Un grand nombre de plantes nous offrent des racines savoureuses qui sont recherchées pour l'alimentation : telles sont la *carotte*, le *radis*, le *navet*, le *panais*, le *salsifis*, la *rave*... La *betterave*, la *rave*, la *carotte*, sont, en outre, des racines fourragères : on les cultive pour en nourrir le bétail.

Vous savez que la betterave fournit actuellement la plus grande quantité du sucre et de l'alcool consommés en France. Après le blé, il n'est presque aucune plante qui ait une importance plus grande.

La racine de la *garance*, cultivée en Alsace et dans le département de Vaucluse, fournit la belle et solide couleur rouge qui teint les pantalons de nos soldats.

Un grand nombre de racines sont aussi administrées comme médicaments. La racine d'*ipéca* est employée pour faire vomir, celle de la *rhubarbe* pour purger; la racine si amère de la *gentiane* sert à combattre la fièvre. La décoction de racine de *guimauve* est excellente contre la toux. La racine de la *valériane*, celle de la *salsepareille*, du *grenadier* sont également utilisées par la médecine.

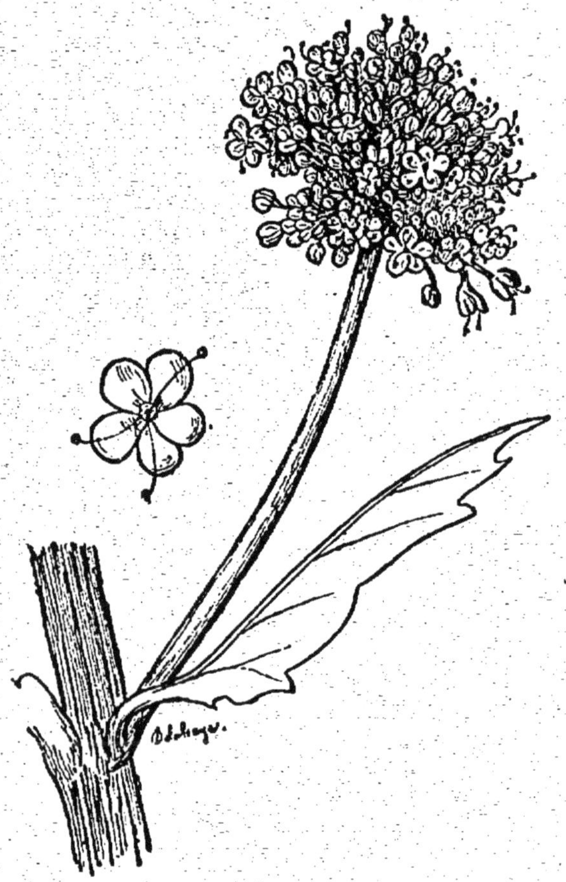

Valériane. — Cette herbe croît dans les lieux humides. Sa racine, d'une odeur forte et d'un goût amer, est employée contre les maladies nerveuses.

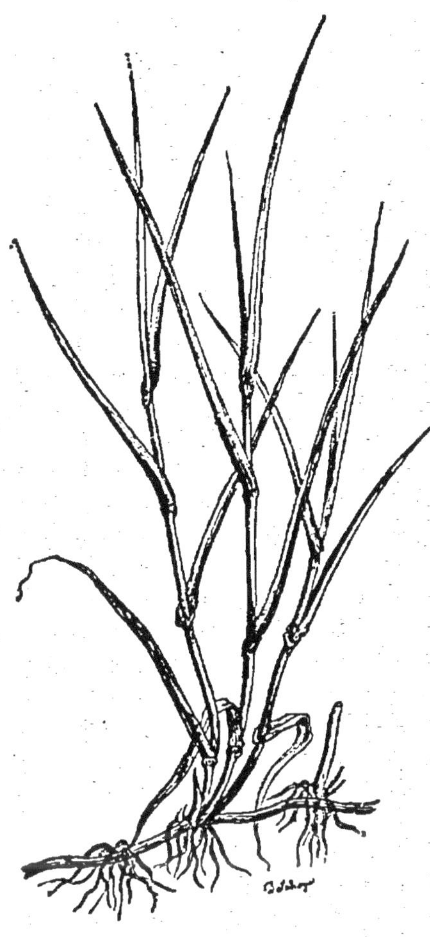

Chiendent. — Mauvaise herbe, nuisible à l'agriculture ; sa tige souterraine sert à faire une bonne tisane adoucissante.

Vous connaissez tout au moins la racine noueuse et blanchâtre du *chiendent*, avec laquelle on fait une bonne tisane. Il faut avouer, cependant, que le chiendent ne rachète pas par cette qualité ses terribles défauts. C'est une mauvaise herbe, qui nuit à nos cultures : il est très difficile de la détruire, à cause de ses longues racines, rampant dans toutes les directions, et dont le moindre morceau reproduit la plante.

L'arrête-bœuf, avec sa forte racine, qui s'étale à une petite profondeur sous le sol, est aussi employé en médecine. C'est là encore une mauvaise herbe : elle présente quelquefois à la charrue un obstacle assez fort pour l'arrêter.

Observation. — Le maître montrera aux enfants le développement des racines adventives d'un oignon de jacinthe à moitié immergé dans l'eau. Il fera des boutures, des marcottes.

III. — LA TIGE.

La tige porte les feuilles et les fruits; elle conduit la sève des racines vers les feuilles. — La *tige* est la partie de la plante qui porte les feuilles, les fleurs et les fruits.

Elle est traversée, dans toute sa longueur, par des canaux très étroits dans lesquels s'élève la sève puisée dans le sol par les racines. Cette sève se rend ainsi dans les feuilles, puis elle redescend par d'autres canaux qui la ramènent dans la tige.

Pendant cette circulation, qu'on peut comparer à la circulation du sang chez les animaux, la sève dépose, dans les différentes parties de la plante, les substances nécessaires à leur accroissement et à leur entretien.

Constitution et accroissement de la tige. — Dans la tige de la plupart des plantes de nos pays, et notamment dans la tige de nos arbres, il y a trois parties distinctes : la *moelle*, le *bois* et l'*écorce*.

La *moelle*, placée au centre, est généralement assez tendre. Elle est très développée dans le sureau, beaucoup moins dans les troncs d'arbres.

Le *bois* est plus dur. Près de la moelle se trouve la partie la plus résistante, ou *cœur* du bois ; près de l'écorce se trouve l'*aubier*, beaucoup moins résistant.

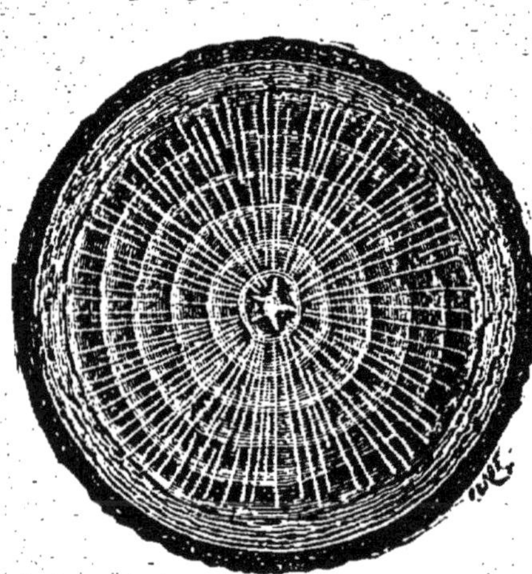

Coupe d'une tige de bois de chêne, montrant la moelle, les couches annuelles et l'écorce.

L'*écorce*, enfin, recouvre le bois et le protège. Elle a aussi une assez faible dureté.

C'est entre l'écorce et le bois que se fait l'accroissement de la tige. Chaque année une couche nouvelle de bois jeune s'ajoute aux anciennes; le bois du cœur est donc plus vieux que celui de l'aubier.

Il est bien facile de voir ces couches successives, s'éloignant du centre. Chacune d'elles correspond à la croissance d'une année : leur nombre indique, comme nous l'avons vu dans le *Cours élémentaire*, l'âge du végétal. C'est en comptant ces couches qu'on a pu reconnaître que certains arbres tout récemment abattus avaient dépassé **4000** ans.

Beaucoup de plantes, cependant, ont une tige dont la disposition n'est pas celle que nous venons d'indiquer. Le *palmier*, par exemple, qui pousse dans les pays chauds, est bien différent de notre chêne. Sa tige n'est pas ramifiée, elle ne porte pas de branches, mais seulement des feuilles à sa partie supérieure. Cette tige est à peu près aussi grosse en haut qu'en bas; à l'intérieur de la tige on ne voit ni couches concentriques, ni moelle, ni écorce.

Les *chaumes* du blé, de l'orge, du roseau, se rapprochent beaucoup de la forme du palmier. Ils en

Dattier. — Arbre des pays chauds, analogue au palmier, à tige non ramifiée.

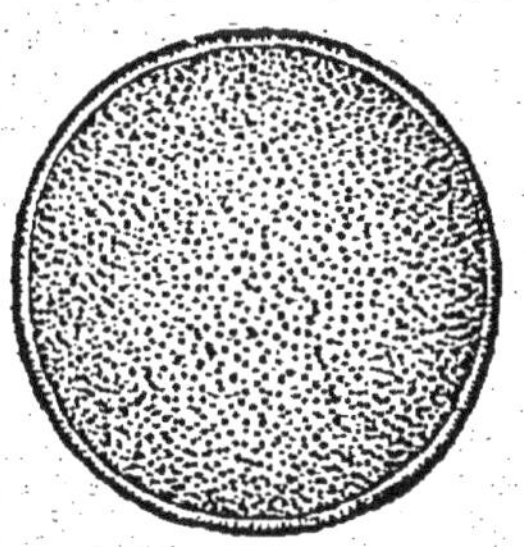

Coupe d'une tige de palmier. Il n'y a ni écorce, ni couches annuelles.

10.

diffèrent surtout par l'existence d'un canal intérieur, dans lequel il n'y a jamais de moelle. Le canal intérieur ne règne pas dans toute la longueur du chaume : il est interrompu de distance en distance par une cloison transversale.

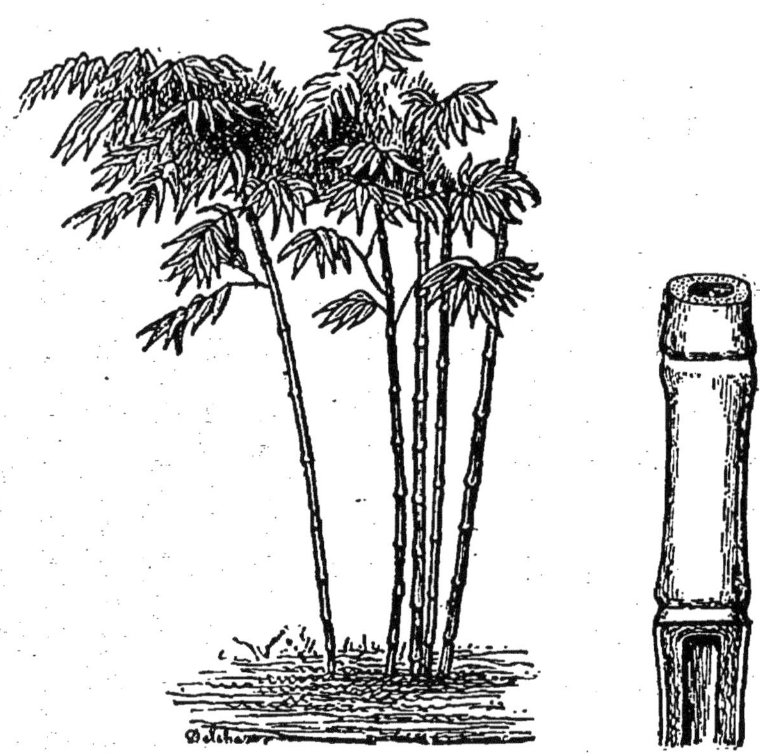

Bambou. — Gros roseau des pays chauds. La moelle et les jeunes pousses se mangent ; sa sève sert à faire des boissons fermentées ; avec son bois on fait des nattes, des corbeilles, du papier, des vases de toutes sortes, des cannes, des meubles, des ustensiles de ménage, des bois de construction. — A côté, une tige grossie.

Tiges aériennes, aquatiques, souterraines. — Le plus souvent la tige est située dans l'air ; mais il n'en est pas toujours ainsi.

Beaucoup de tiges, en effet, vivent dans l'eau. Vous connaissez tous le *cresson*, et le *nénuphar*, dont les feuilles seules, ou même simplement les fleurs, sortent de l'eau.

Très nombreuses aussi sont les tiges qui se développent sous terre, de telle sorte que, si l'on n'y faisait pas bien attention, on les prendrait pour des racines.

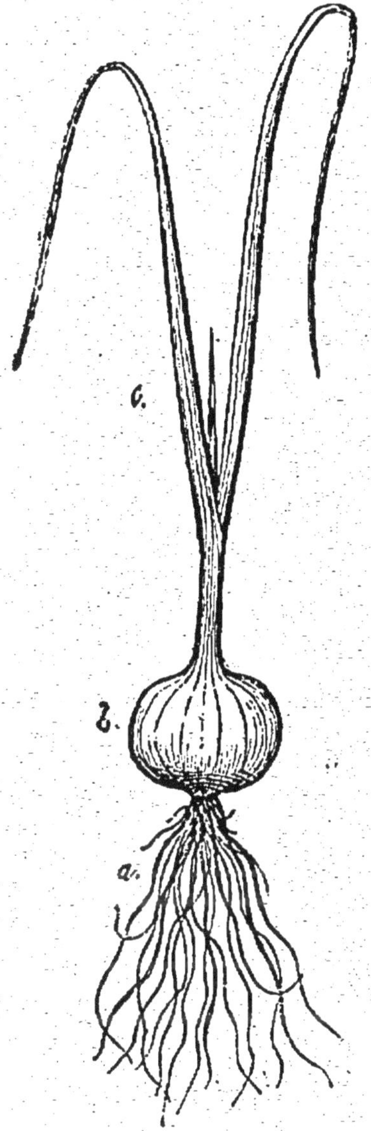

Ce que nous avons appelé, plus haut, la *racine* du *chiendent*, est bien plutôt une tige souterraine. L'*iris*, cette belle plante dont nos jardins sont ornés, possède une forte tige souterraine, de laquelle émergent les feuilles. La *réglisse*, que vous aimez à sucer en hiver, est aussi une tige souterraine. La *griffe de l'asperge*, qui donne naissance aux *turions*, si estimés des gourmets, est encore une tige souterraine ; lorsqu'on laisse le turion se développer, au lieu de le couper dès qu'il se montre à l'extérieur, il donne une véritable tige aérienne, avec des feuilles, des fleurs et des fruits.

Les *bulbes* souterrains du *lis*, de l'*ail*, de la *jacinthe*, de l'*oignon* sont des tiges souterraines, portant même de véritables feuilles. Par-dessous se développent les racines fibreuses de la plante.

Mais voici qui vous surprendra davantage : les gros tubercules comestibles de la *pomme*

Oignon montrant la racine fibreuse *a*, la tige souterraine ou bulbe *b*, les feuilles aériennes *c*.

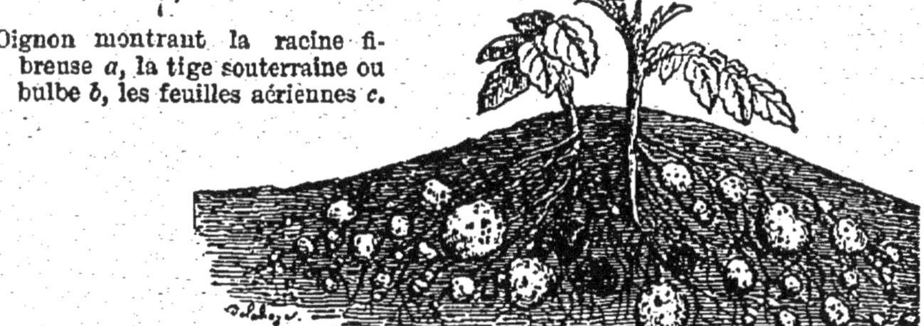

Pomme de terre et sa tige souterraine portant des renflements en forme de tubercules.

de terre doivent être considérés comme des renflements d'une tige souterraine. Au contraire, les tubercules du *topinambour* et de la *patate* sont, comme la rave et la carotte, des renflements de la racine.

La forme et les dimensions des tiges. — Rien n'est plus variable que la forme, la grosseur et la grandeur des tiges des végétaux.

Certaines plantes, dites *annuelles*, ne vivent qu'une année; d'autres, les *plantes bisannuelles*, vivent deux ans. Les tiges de ces plantes ne peuvent jamais atteindre de grandes dimensions; elles restent, le plus souvent, tendres et vertes; on dit qu'elles sont *herbacées*, c'est-à-dire semblables à de l'herbe.

Les plantes *vivaces*, au contraire, vivent plusieurs années, quelquefois même plusieurs siècles; elles ont souvent alors de grandes dimensions.

Certaines tiges sont si faibles qu'elles ne peuvent que ramper à la surface du sol, sans pouvoir s'élever : telles

Tige rampante de la véronique.

sont les *véroniques*. Un grand nombre de tiges, celles du pois, du *haricot*, du *houblon*, du *liseron*,.... par exemple,

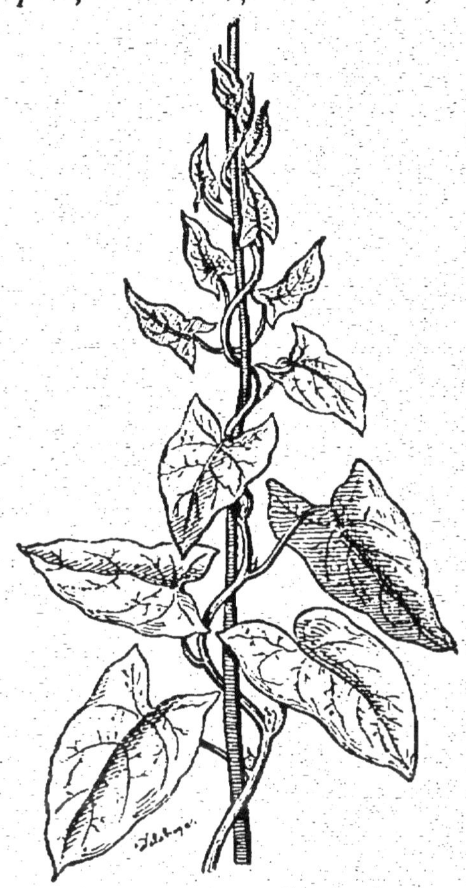

Liseron tournant autour de son support.

grimpent le long des plantes plus robustes. Elles s'attachent par des racines adventives, comme fait le lierre, ou par des filaments en forme de vrille, comme font la *vigne* et le *pois*. D'autres fois, et c'est le cas du *liseron* et du *houblon*, elles s'élèvent en enroulant leur tige en spirale sur l'appui qu'elles ont trouvé.

Les tiges les plus nombreuses sont encore celles qui s'élèvent verticalement d'elles-mêmes vers le ciel. Elles ont alors quelquefois d'énormes dimensions. Les arbres géants de la Californie, les *sequoia*, ont jusqu'à 150 mètres de haut et 40 mètres de pourtour. Ces arbres prodigieux ne sont pas, cependant, les plus longues des plantes; certains végétaux, qui s'accroissent exclusivement par le sommet, peuvent atteindre une longueur extraordinaire : un *rotang* acquiert jusqu'à 300 mètres de long, en conservant une grosseur de 4 à 5 centimètres seulement.

Les usages des tiges. — Les tiges des végétaux ont des usages si importants et si divers, que nous ne pouvons énumérer ici que les principaux. Nous avons déjà donné quelques développements sur ce sujet dans le *Cours élémentaire*.

Les aliments qui nous sont fournis par les tiges sont peu nombreux. On mange cependant la tige souterraine de l'*asperge*, le tubercule de la *pomme de terre*, les bulbes de l'*ail*, de l'*oignon*, du *poireau*, de l'*échalotte*. Nous utilisons aussi dans la cuisine l'écorce de la *cannelle*, puis, comme remède, la tige souterraine de la *réglisse* et l'écorce du *quinquina*, un arbre précieux de l'Amérique. Les bestiaux consomment la *paille* des céréales, qui leur sert en même temps de litière.

L'industrie retire le sucre du chaume de la *canne à sucre*, un magnifique roseau qu'on cultive dans beaucoup de pays chauds. Le jus fermenté de la canne à sucre sert aussi à la fabrication de l'alcool et du rhum. Des bois résineux, et notamment du *pin maritime*, on retire la *résine*: il suffit de faire dans l'arbre des incisions à la hache pour que le suc résineux s'écoule lentement. De la résine on retire l'essence de térébenthine.

Pin portant les incisions par lesquelles s'écoule la résine.

Le *caoutchouc*, ou *gomme élastique*, provient aussi du suc qui s'écoule de l'*arbre à caoutchouc* de l'Asie et de l'Amérique.

L'écorce du *chêne-liège*, cultivé dans le midi de la France et en Algérie, sert à faire les bouchons; l'écorce du *chêne blanc* et celle du *chêne rouvre* constituent le *tan*, qu'on utilise dans le tannage du cuir.

L'écorce du *lin* et celle du *chanvre* nous fournissent nos matières textiles les plus précieuses. Beaucoup de tiges sont riches en matières colorantes et sont employées en teinture. Du *bois de campêche*, qui nous vient d'Amérique, on retire un *extrait*, avec lequel on teint les étoffes en jaune rouge, en violet ou en noir, suivant la manière d'opérer. On utilise aussi les *bois rouges* de *Brésil*, de *Santal*,.... les *bois jaunes* de *Cuba*, le *quercitron*, le *fustet*.....

Mais c'est surtout pour le chauffage et la confection d'un grand nombre d'objets en bois que les tiges végétales nous rendent des services.

Vous savez à quels travaux de menuiserie, d'ébénisterie, de charronnage, de carrosserie, de construction, de charpente.... sont employés les *bois blancs* de châtaignier, de saule, de tilleul, de bouleau, de peuplier..., les *bois durs* de chêne, d'orme, de frêne, de hêtre, de poirier..., les *bois d'ébénisterie* d'acajou, de palissandre, d'ébène, de rose, de santal..., les *bois résineux* de pin, de sapin, de cèdre...

Les plus communs de ces bois sont aussi journellement employés au chauffage. Lorsqu'on ne peut pas les utiliser directement, on les transforme d'abord en *charbon de bois*, en leur faisant subir une combustion incomplète.

Quand la préparation du charbon de bois se fait dans des fours spéciaux, on recueille divers produits fort utiles, qui se dégagent pendant l'opération, *goudrons, esprit-de-bois* qu'on fait ensuite brûler dans des lampes comme de l'alcool, *gaz d'éclairage*...

Il n'est pas jusqu'aux cendres restant dans nos foyers après la combustion du bois, qui ne trouvent leur emploi dans le lessivage du linge. L'industrie en retire aussi des produits importants.

IV. — LES FEUILLES.

Les feuilles contribuent tout autant que les racines à la nutrition des plantes. — Les animaux supérieurs absorbent tous leurs aliments par la bouche. Les plantes, elles, se nourrissent par leurs deux extrémités. Tandis qu'une partie de leur nourriture est puisée dans le sol par les racines, une autre est puisée dans l'air par les *feuilles*.

Nous devons insister sur ce rôle des feuilles dans la végétation.

Vous savez que les plantes sont constituées en grande partie par du charbon, témoin le charbon de bois, que l'on fabrique par la combustion incomplète du bois de nos forêts. Ce charbon n'entre pas dans la plante par les racines, mais par les feuilles.

Il y a, nous l'avons déjà dit, de l'*acide carbonique* dans l'air. Cet acide carbonique est une combinaison de charbon et d'oxygène ; il est constamment produit par la respiration des animaux, par les combustions dans nos foyers et dans beaucoup d'autres circonstances. C'est là l'aliment auquel les plantes empruntent le charbon, dont elles sont en grande partie constituées, le charbon, sans lequel elles ne sauraient se développer.

L'acide carbonique de l'air pénètre dans les feuilles à travers des ouvertures très petites, invisibles à l'œil. Là, *sous l'action combinée de la matière verte qui colore les feuilles et de la lumière du soleil*, l'acide carbonique est détruit : l'oxygène de l'acide carbonique est rejeté dans l'air, et son charbon entre dans la composition de la sève, qui dès lors devient complète, et renferme tous les éléments nécessaires à la nutrition de la plante.

Cette manière de se nourrir par les feuilles est facile à mettre en évidence. Voyez ce flacon en verre blanc d'un litre de capacité ; je le remplis avec l'eau de Seltz renfermée dans ce siphon et j'agite pendant quelques instants de façon à permettre à l'excès d'acide carbonique de se dégager. Nous avons maintenant un flacon rempli d'eau saturée d'acide carbonique. J'y introduis une branche d'arbre pourvue de feuilles bien vertes, une branche de tilleul ou de cresson, par exemple; je retourne le flacon dans un verre et j'expose le tout au soleil. Voyez comme les feuilles se recouvrent rapidement de bulles gazeuses qui grossissent, se détachent et montent au sommet du flacon. Les feuilles absorbent l'acide carbonique de l'eau, le décomposent, gardent le charbon et rejettent l'oxygène. Les choses se passent de la même manière dans l'air.

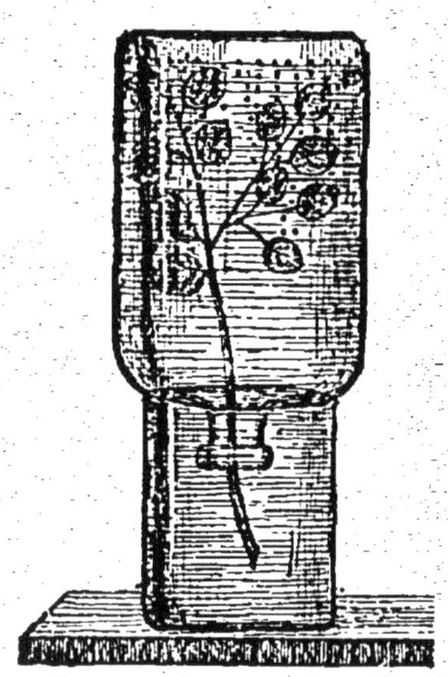

Les feuilles des plantes décomposent l'acide carbonique de l'air: elles s'emparent du charbon et rejettent l'oxygène.

Dans deux ou trois heures le flacon sera à moitié plein de gaz. Nous le retournerons, nous y introduirons une allumette ne présentant que quelques points en ignition, et vous la verrez se rallumer pour brûler très vivement : c'est que le gaz ainsi produit est de l'oxygène pur.

Les feuilles sont aussi le siège d'une abondante exhalation d'eau. — La plante absorbe, par les racines, beaucoup d'eau qui tient en dissolution une faible proportion de substances nutritives. Les substances nutritives se fixent dans le végétal et déterminent son accroissement; mais il faut bien que l'eau puisse s'en aller. Elle part par les feuilles.

La sève, en arrivant dans les feuilles, prend du charbon et perd la plus grande partie de son eau par une sorte d'évaporation. Démontrons ceci par une expérience simple. Dans un bouchon je passe une branche de tilleul pourvue de feuilles, j'enferme la branche dans un flacon en verre

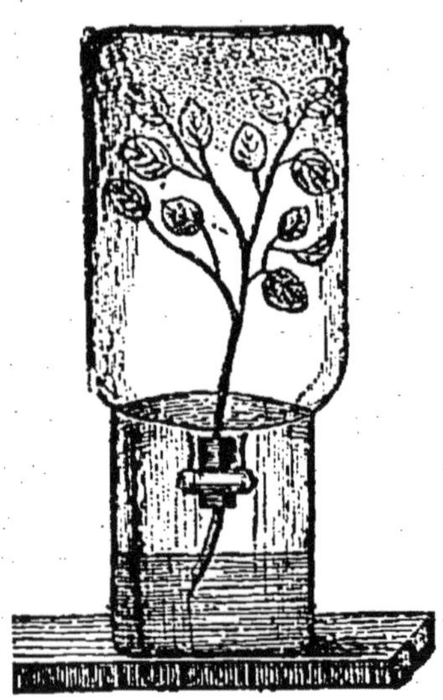

Les feuilles sont le siège d'une exhalation d'eau.

blanc, bien sec intérieurement, je bouche hermétiquement et je plonge la partie inférieure de la branche dans un verre d'eau. Vous ne tarderez pas à remarquer une buée qui ternira l'intérieur du flacon : il est donc sorti de l'eau par les feuilles.

L'eau de la pluie, absorbée par les racines dans le sol, est donc renvoyée dans l'air par les feuilles.

Diverses formes des feuilles. — Les feuilles des végétaux diffèrent beaucoup les unes des autres par leurs dimensions et leur forme. Elles présentent cependant, presque toujours, de grandes ressemblances entre elles.

Et d'abord les feuilles sont généralement vertes. De plus, elles offrent le plus souvent une partie mince et aplatie, ou *feuille proprement dite*, une *queue* plus ou moins longue et, à la base de la queue, un renflement, ou *gaine*, par lequel la feuille s'attache à la tige.

Les différences que l'on observe entre les feuilles des divers végétaux proviennent de différences dans la longueur de la queue et surtout dans la forme de la partie aplatie. Certaines feuilles n'ont, pour ainsi dire, pas de queue, d'autres, au contraire, en ont une fort longue; quelquefois la feuille proprement dite est si peu développée, qu'on dirait une aiguille, quelquefois elle présente un développement considérable. Souvent les bords sont arrondis, plus souvent encore ils sont profondément découpés. Dans le marronnier, dans l'acacia…, les découpures sont si prononcées, que la feuille est *composée* par la réunion de plusieurs feuilles plus petites.

L'observation de la nature vous en dira plus sur ce sujet que les descriptions les plus longues. Regardez autour de vous, pendant vos promenades, et remarquez la

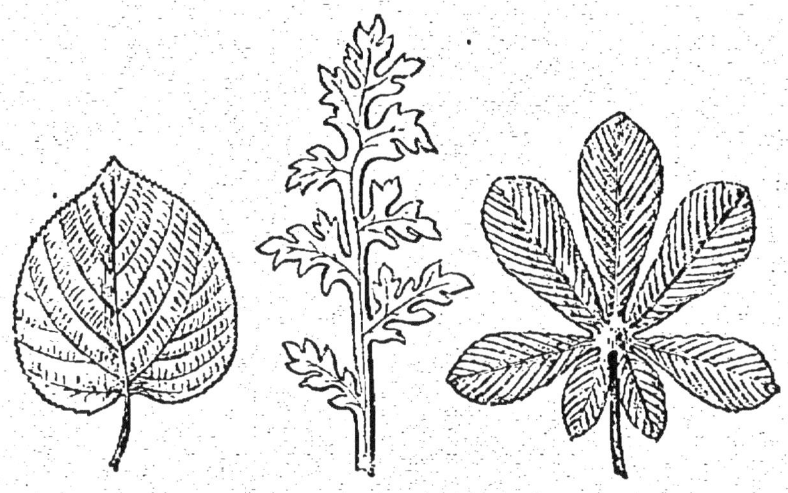

Feuille simple et   Feuille découpée du   Feuille composée
dentelée du tilleul.   coquelicot.   du marronnier d'Inde.

forme de toutes les feuilles : elle suffit le plus souvent, à elle seule, à faire reconnaître la plante à laquelle elle appartient. Examinez attentivement, par exemple, les feuilles du tilleul, du coquelicot, du marronnier, de la vigne, de l'iris, du genêt, de l'asperge, de l'ortie, de l'aconit, de la jusquiame, du persil, de l'anémone, du genièvre, du pin, de la capucine, du pêcher, de la fougère..., vous serez étonnés d'y rencontrer une telle variété.

Vous trouverez même des plantes qui n'ont pas de feuilles, quoiqu'elles aient des racines, une tige, des fleurs et des fruits, tout comme les arbres de nos forêts et les fleurs de nos jardins : telle est la *cuscute,* dont je veux vous dire quelques mots.

C'est une plante *parasite;* au lieu de tirer sa nourriture du sol par des racines et de l'air par des feuilles, elle se fixe sur d'autres végétaux, et pompe leur sève à l'aide de véritables suçoirs. On rencontre partout la cuscute, reconnaissable à ses tiges entrelacées, presque aussi légères que des fils, dépourvues de feuilles, mais portant souvent fleurs et fruits. La cuscute est un des fléaux de l'agriculture : elle épuise les plantes, dont elle suce la sève. La *petite cuscute* vit aux dépens du trèfle, de la luzerne...;

la *grande cuscute* attaque le houblon et même la vigne ; une autre cuscute encore fait périr le lin.

Les plantes parasites sont nombreuses ; toujours elles font du mal. Le *gui*, par exemple, va chercher sa nourriture dans l'écorce du pommier, du peuplier, du chêne, et les épuise à la longue. Il est transporté sur ces arbres par les oiseaux qui se nourrissent de ses graines et les déposent ensuite avec leur fiente.

Les plus à craindre parmi les plantes parasites sont souvent les plus petites, telles que celles qui produisent la maladie de la pomme de terre, et l'*oïdium* de la vigne. Nous en reparlerons.

Disposition des feuilles sur la tige. — Les feuilles ne sont pas plantées sans ordre sur la tige.

Dans beaucoup de végétaux, les feuilles sont disposées en spirale régulière autour de la tige, deux feuilles ne se trouvant jamais à côté l'une de l'autre, à la même hauteur. Cette disposition constitue ce qu'on nomme les *feuilles alternes* (*chêne, orme, cerisier...*).

D'autres fois les feuilles sont insérées plusieurs ensemble à la même hauteur ; on les dit alors *opposées* si elles sont au nombre de deux, et *verticillées* si elles sont au nombre de plus de deux. Les feuilles sont opposées dans le *mouron*, dans le *chèvrefeuille*, dans le *mille-pertuis* ; elles sont ver-

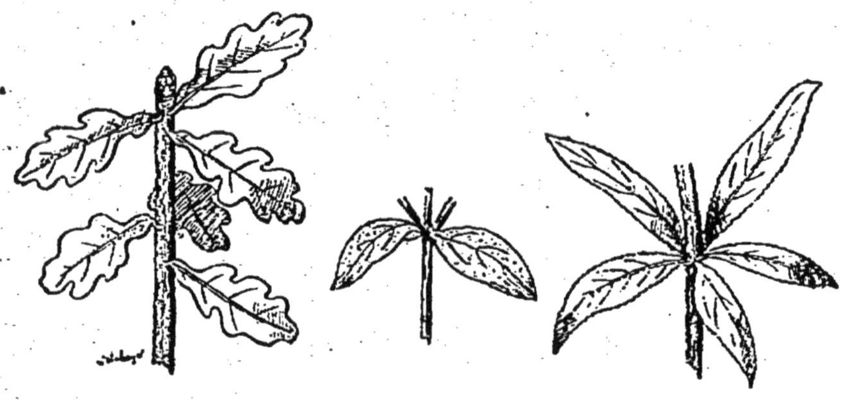

Feuilles alternes du chêne.   Feuilles opposées du   Feuilles verticillées
                       mille-pertuis.   de la garance.

ticillées dans la *garance*, dans le *laurier-rose*. Il vous faut observer et retenir toutes ces dispositions.

Les usages des feuilles. — Les feuilles ne nous rendent pas moins de services que les racines et que les tiges.

Les feuilles des *choux* (chou vert, chou-fleur, chou de Bruxelles), des *salades* (laitue, romaine, chicorée, doucette...), de l'*oseille*, de l'*épinard*, du *persil*, du *cerfeuil*, de l'*estragon*, du *thé*, qui nous vient de la Chine, sont consommées pour l'alimentation de l'homme.

Plus nombreuses encore sont les feuilles dont se nourrissent les animaux herbivores. Le *foin* de nos prés est principalement constitué par les feuilles d'un grand nombre d'herbes fourragères; avec le *trèfle*, la *luzerne*, les *jeunes céréales* coupées en vert, les feuilles de *maïs*, de *betterave*, de *chou*, de *carotte*, il constitue à peu près la nourriture exclusive de la plupart de nos animaux domestiques, chevaux, ânes, bœufs, moutons, chèvres.

La médecine utilise les propriétés spéciales des feuilles de la *belladone*, de la *jusquiame*, de la *digitale*, de la *mélisse*, de la *menthe*, de l'*oranger*, de la *ronce*, du *noyer*, et de bien d'autres plantes.

Absinthe. — Les fleurs et les feuilles sont employées comme fébrifuges. On s'en sert aussi pour aromatiser l'alcool et préparer ainsi une boisson très pernicieuse.

La tabac à fumer et le tabac à priser sont fabriqués au moyen de la feuille du *tabac*.

La teinture utilise les feuilles de l'*indigotier* des pays chauds, du *pastel*, du *sumac*. Les parfumeurs, les confiseurs, les distillateurs savent employer le parfum renfermé dans les feuilles de la *menthe*, de la *mélisse*, de la *lavande*, de l'*absinthe*..., et le concentrer dans leurs préparations.

V. — LA NUTRITION DES PLANTES.

La circulation de la sève. — Il nous faut maintenant résumer en peu de mots ce que nous savons sur la manière dont vivent et s'accroissent les plantes.

Les racines puisent, dans la terre, de l'eau chargée de diverses matières nutritives. Elles n'absorbent pas indifféremment, du reste, tout ce qui se trouve dans cette eau; de même que les animaux, elles savent choisir les aliments qui leur conviennent.

Le liquide, dès qu'il a pénétré dans les canaux des racines, constitue la sève, mais une sève incomplète, puisqu'il lui manque un de ses éléments les plus importants, le charbon. Cette sève s'élève dans la tige, *montant seulement par les canaux les plus voisins du centre*. Elle arrive bientôt dans les feuilles.

Là elle perd la plus grande partie de son eau, qui s'évapore dans l'air, et de plus elle se complète. L'acide carbonique de l'air, décomposé par l'action combinée de la matière verte des feuilles et de la lumière du soleil, lui donne le charbon, qui lui manquait.

Dès lors la sève est devenue apte à nourrir le végétal. Elle redescend dans tous les organes, par les canaux situés entre le bois et l'écorce, et dépose partout les substances nécessaires à la formation du bois, des feuilles, des fleurs, des fruits.

Les divers sucs qu'on extrait des végétaux, *résine, caoutchouc...*, sont aussi des modifications de la sève.

Ne voyez-vous pas qu'il existe les plus grandes analogies entre la nutrition des plantes et celle des animaux. Dans l'un et l'autre cas, les substances nutritives sont portées dans les divers organes par un liquide qui circule : sang pour les animaux, sève pour les végétaux.

Seulement tous les éléments qui constituent le sang sont entrés dans l'animal par la bouche ; ceux qui constituent la sève entrent, au contraire, dans les végétaux par les racines et par les feuilles. L'immense provision de charbon qu'on rencontre dans les arbres de nos forêts a été empruntée à l'air par les feuilles.

Action des végétaux sur l'air. — Vous n'avez pas oublié, n'est-ce pas, que la *respiration des animaux* prend l'oxygène de l'air et le transforme en acide carbonique, par suite d'une véritable combustion intérieure. C'est pour cette raison qu'un animal ne tarderait pas à périr si on l'enfermait dans un espace clos : il aurait bientôt consommé la plus grande quantité de l'oxygène mis à sa disposition, et sa respiration ne pourrait plus se produire normalement.

La *nutrition des végétaux* produit un effet exactement inverse. Une plante renfermée dans un espace clos aurait bientôt absorbé tout l'acide carbonique ; l'air ne renfermerait plus, à partir de ce moment, que de l'azote et de l'oxygène, et la plante, ne trouvant plus dans l'atmosphère l'élément indispensable à sa végétation, périrait certainement.

Ainsi donc, tandis que la respiration des animaux tend à augmenter constamment la quantité d'acide carbonique de l'air et à diminuer la quantité d'oxygène, les plantes, au contraire, tendent à régénérer l'oxygène en détruisant l'acide carbonique.

Il résulte de ces deux actions inverses une compensation qui conserve à l'air une composition également favorable à la vie des animaux et à celle des végétaux.

Les feuilles ne décomposent pas l'acide carbonique dans l'obscurité. — Il semblerait résulter de tout cela que nous pourrions nous dispenser de ventiler nos appartements si nous y cultivions des plantes capables de détruire constamment l'acide carbonique produit par notre respiration.

Il n'en est rien. La respiration des hommes produit non seulement de l'acide carbonique, mais aussi de la vapeur d'eau et divers *miasmes* malsains, que les plantes ne sauraient détruire. Les végétaux eux-mêmes exhalent de l'humidité et répandent des odeurs variées souvent fort agréables, mais presque toujours nuisibles à la santé.

Enfin les feuilles ne décomposent l'acide carbonique que pendant le jour, sous l'influence de la lumière du soleil. La nuit, elles exhalent, au contraire, de l'acide carbonique, par suite d'une véritable respiration comparable à celle des animaux.

Pour toutes ces raisons, il faut éviter d'avoir des plantes, et surtout des fleurs, en abondance dans les appartements clos. Leur présence dans les chambres à coucher, pendant la nuit, cause même parfois des accidents graves.

VI. — LES FLEURS.

Les fleurs servent à la reproduction des plantes. — Maintenant que nous savons comment vivent les plantes, nous allons tâcher de comprendre comment elles se reproduisent.

Les fleurs, desquelles naissent les graines, sont justement les organes destinés à assurer cette reproduction. Décrivons donc d'abord les fleurs.

De quoi se compose une fleur. — La fleur est très complexe : aussi faut-il mettre beaucoup d'ordre dans sa description.

Elle se compose, quand elle est complète, de quatre séries d'organes : 1° le *calice*; 2° la *corolle*; 3° les *étamines*; 4° le *pistil*.

Regardez, par exemple, cet *œillet*, cette *giroflée*, cette

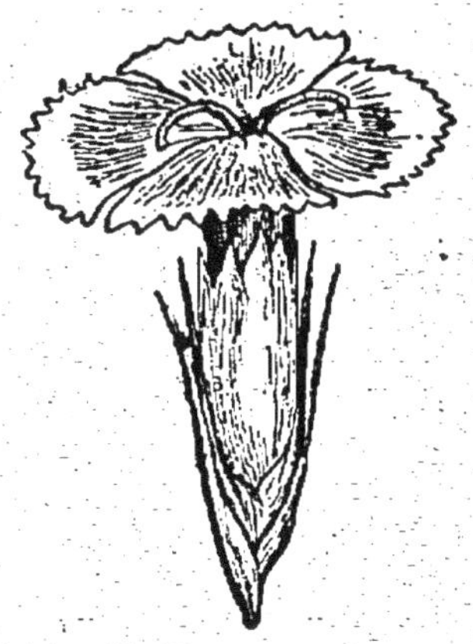

Fleur d'œillet, montrant les sépales soudés et les pétales réguliers séparés.

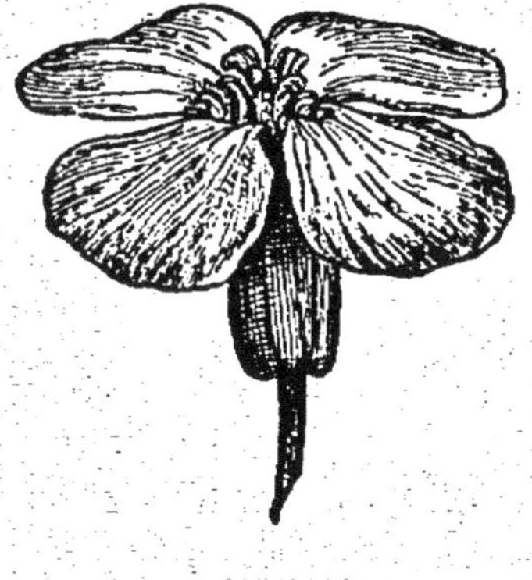

Fleur de giroflée, montrant les sépales séparés et les pétales réguliers.

renoncule, cette *rose sauvage*. Voici le calice, formé par une série de parties vertes semblables à des feuilles ; en dedans du calice, la *corolle*, dont les parties sont vivement colorées ; plus près du centre encore sont les *étamines*, terminées chacune par une petite masse jaune ; les *pistils* enfin occupent tout à fait le centre.

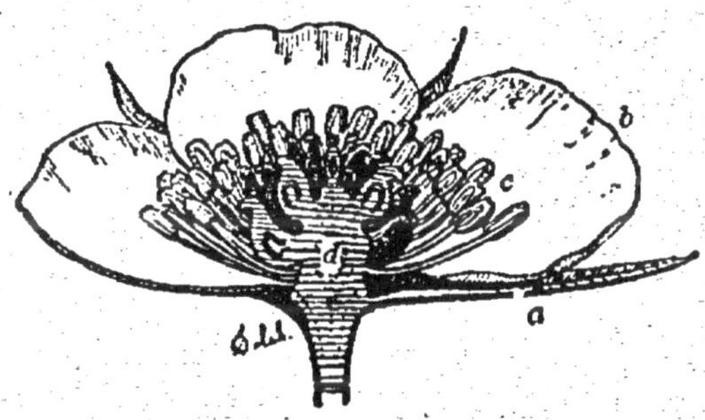

Fleur de renoncule coupée transversalement de manière à montrer le calice *a*, la corolle *b*, les étamines *c*, les pistils *d*.

Le calice. — Le *calice* est simplement un organe protecteur. Les feuilles qui le composent, nommées *sépales*, servent d'enveloppe à la fleur alors qu'elle n'est pas encore épanouie.

Tantôt les sépales du calice sont entièrement séparés les uns des autres, comme vous le voyez dans la *giroflée*, dans la *rose*, dans le *camélia*; tantôt les sépales sont plus ou moins soudés entre eux, de façon à former un calice d'une seule pièce. Dans le *mouron*, par exemple, les sépales sont soudés seulement par leur base; dans l'*œillet*, au contraire, les sépales soudés forment un véritable tube.

Le nombre des sépales du calice n'est pas toujours le même; il est de deux, trois, quatre, et plus souvent cinq sépales séparés ou unis.

Le calice est tantôt régulier, comme dans la *giroflée*, la *rose*, la *bourrache*, tantôt plus ou moins irrégulier, comme dans la *sauge*, le *pied-d'alouette*, la *capucine*.

La corolle. — La *corolle* est la seconde enveloppe protectrice de la fleur.

Elle se compose d'un certain nombre de petites feuilles modifiées, nommées *pétales*, qui, dans la plus grande partie des cas, ont une coloration vive et éclatante, en même temps qu'une odeur plus ou moins agréable.

C'est à cette partie que vous donnez plus particulièrement le nom de fleur, à cause de son éclat; ce n'est pourtant qu'un organe secondaire, de même que le calice.

Je n'ai pas besoin d'appeler votre attention sur la beauté et la variété de la corolle des mille fleurs qui font l'ornement de nos champs, de nos bois, et surtout de nos jardins, de l'*anémone*, du *crocus printanier*, de la *marguerite*, de la *violette*, de la *primevère*, de la *giroflée*, de la *jacinthe*, de la *tulipe*, de la *campanule*, de l'*iris*, du *muguet*, du *lis*, de l'*œillet*, de la *pivoine*, de la *rose*, du *dahlia*, du *pourpier*, et de tant d'autres. Nous en examinerons beaucoup dans nos herborisations.

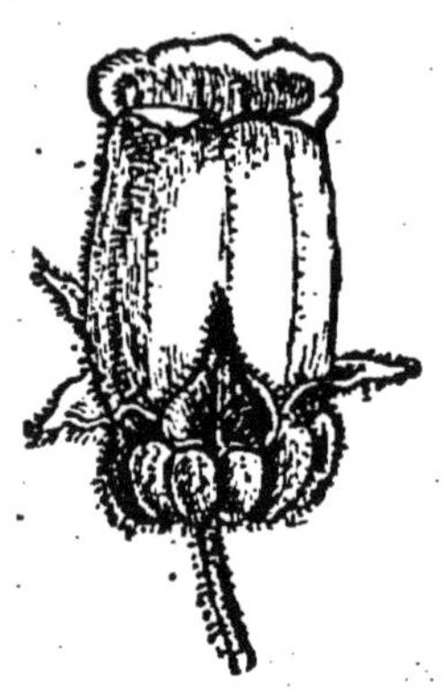

Fleur de campanule, montrant les pétales soudés.

Non seulement la couleur, mais aussi le nombre et la forme des *pétales* varient d'une fleur à l'autre. Souvent les pétales sont plus ou moins soudés entre eux, de façon à former un tube plus ou moins dentelé, comme vous pouvez le remarquer dans la *grande consoude*, dans la *bruyère*, dans la *bourrache*, dans le *tabac*, dans la *campanule*, dans le *liseron*.

La corolle, qui résulte de l'union des pétales, peut même avoir une forme tout à fait irrégulière, comme cela a lieu dans la *sauge*, dans le *pissenlit*, dans la *gueule-de-lion*.

Souvent aussi les pétales sont libres, non soudés les uns uns aux autres (*chou, navet, giroflée, ronce, pommier, renoncule, fraisier, œillet*). Enfin les pétales n'ont pas toujours tous la même forme, et constituent souvent une corolle irrégulière (*haricot, fève, aconit*).

Quant au nombre des pétales, il est variable; il est de trois, quatre, cinq ou six dans les plantes sauvages. Le nombre en est souvent très considérable dans les plantes de nos jardins; mais nous ne pouvons nous occuper de ces fleurs, qui ont été profondément modifiées par la culture et ne représentent plus la fleur naturelle.

Les étamines et les pistils. — Les *étamines* et les *pistils* sont les parties essentielles de la fleur, les *organes reproducteurs*. Ils sont disposés en couronne au centre de la fleur.

Examinez d'abord les *étamines* dans les diverses fleurs que je vous présente. Chacune d'elles se compose d'une petite queue ou *filet*, à l'extrémité de laquelle se trouve une masse plus volumineuse ou *anthère*. L'anthère, est une sorte de sac rempli d'une poussière jaune nommée *pollen*.

Rien n'est variable, dans les fleurs, comme le nombre et la disposition des étamines.

Dans la fleur du *saule* il n'y a qu'une seule étamine, dans l'*iris* il y en a trois, dans la *gueule-de-lion* il y en a quatre, dans la *giroflée* il y en a six, dans le *pavot* il y en a plus de cent.

Le filet est souvent très court, d'autres fois très long. Souvent les filets n'ont pas la même longueur dans toutes les étamines. Souvent aussi les filets sont soudés entre eux, de façon à ce que les anthères seulement soient séparées : vous observerez facilement cette disposition dans la *fumeterre*, dans la *luzerne*, dans le *pois*, dans la *mauve*, dans la *guimauve*.

La forme des *anthères* ne varie pas moins que celle des filets.

Passons maintenant aux *pistils*. Ils occupent tout à fait le centre de la fleur. On distingue aussi trois parties dans le pistil. A la partie inférieure, on remarque un renflement dans lequel sont contenus les germes qui deviendront les graines : ce renflement se nomme *l'ovaire*; les germes qu'il renferme sont les *ovules*.

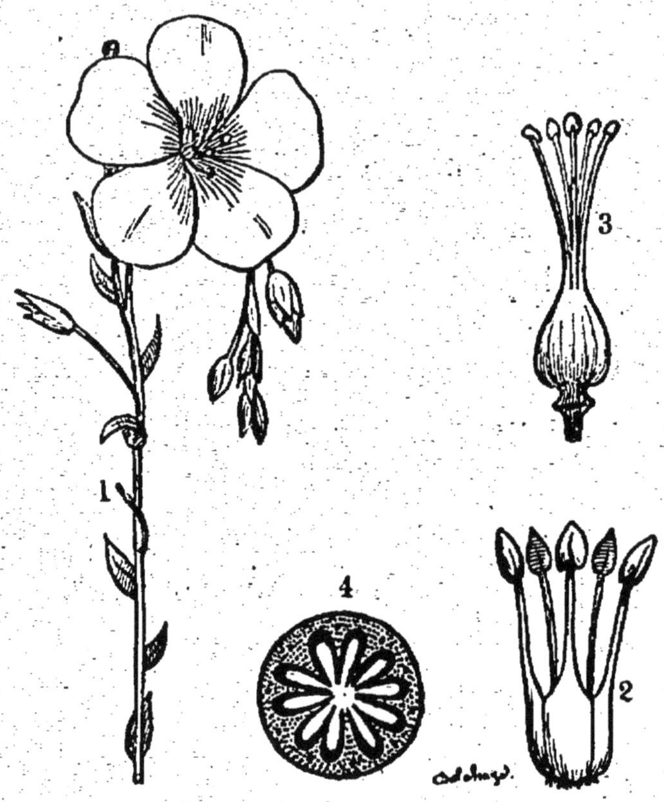

1. Fleur du lin. — 2. Etamines. — 3. Pistils. Les styles et les stigmates sont séparés, les ovaires sont soudés. — 4. Ovaire coupé transversalement, de façon à montrer les ovules contenus à l'intérieur.

Au-dessus de l'ovaire s'élève une colonne plus ou moins longue, et creuse, le *style*, terminé par un petit renflement, le *stigmate*.

La disposition relative des trois parties du pistil ne varie pas moins que la disposition relative des trois parties de l'étamine. Les *ovaires* des différents pistils sont le plus souvent réunis, soudés entre eux, de façon à former, au centre et au fond de la fleur, un seul renflement divisé intérieurement en un nombre variable de loges. De ce renflement partent plusieurs *styles* tantôt séparés, tantôt soudés en une seule colonne de longueur plus ou moins grande.

Vous ne pourrez avoir une idée exacte des dispositions variées qu'on rencontre dans cet organe qu'en examinant successivement, dans nos herborisations, un grand nombre de fleurs : *primevère, giroflée, tulipe, rue, fraxinelle, hellébore, lin, cactus, lis, myrte.* Dans chacune de vos observations vous devrez couper l'ovaire en deux, tantôt dans un sens, tantôt dans l'autre, pour voir la disposition intérieure des ovules.

Vous devrez remarquer aussi, dans chaque cas, la disposition relative des sépales, des pétales, des étamines et des pistils, et de quelle manière ces différents organes sont attachés à la queue de la fleur.

Fleurs incomplètes. — Toutes les fleurs ne possèdent pas, à leur centre, des étamines et des pistils.

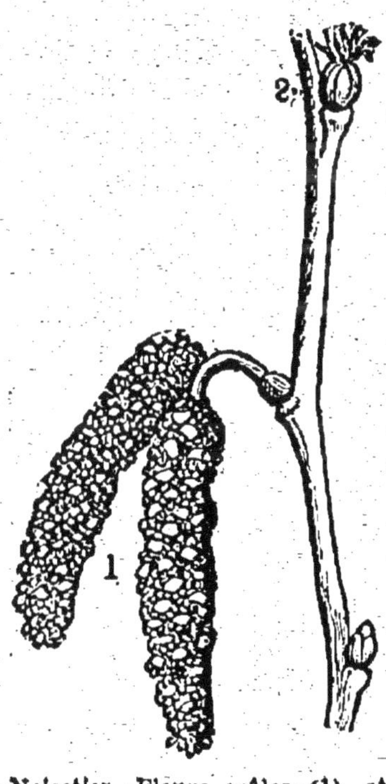

Noisetier. Fleurs mâles (1), et fleurs femelles (2), réunies sur un même pied.

Ainsi, dans certaines plantes, une partie des fleurs n'a que des *étamines*, on les nomme *fleurs mâles;* d'autres n'ont que des *pistils*, on les nomme *fleurs femelles.* Dans ce cas, les fleurs des deux sexes sont tantôt réunies sur un même pied, tantôt séparées sur des pieds différents. Ainsi dans le *carex*, le *chêne*, le *noisetier*, l'*arum*..., chaque fleur n'a que des étamines ou des pistils, mais les fleurs mâles et les fleurs femelles se rencontrent sur le même pied. Dans le *saule*, le *chanvre*, le *houblon*.... les fleurs mâles et les fleurs femelles sont sur des pieds différents.

On a même la mauvaise habitude, pour le chanvre, d'appeler chanvre mâle le pied qui porte les graines, c'est-

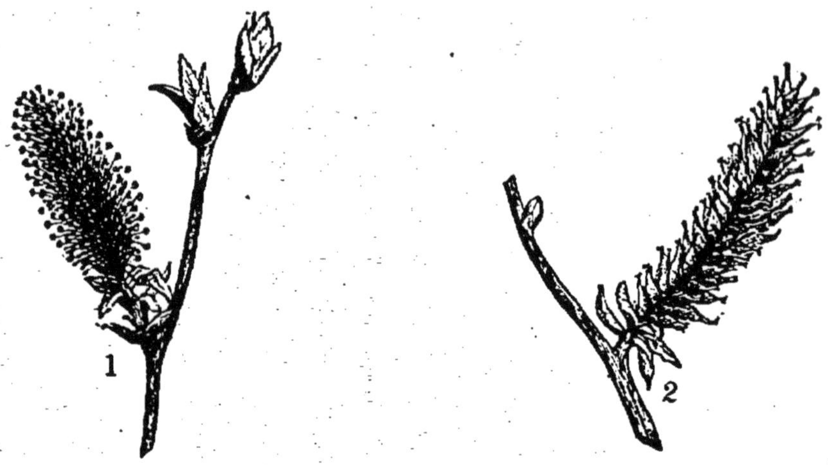

1. Branche mâle du saule. Les étamines sont réunies en chaton. — 2. Branche femelle du saule. Les pistils sont réunis en chaton.

à-dire le pied qui a les fleurs femelles, et chanvre femelle celui qui porte les fleurs mâles, à étamines. Vous ne commettrez plus cette erreur.

Position des fleurs sur la plante. — Les fleurs sont posées de façons très diverses sur les plantes ; c'est un point qu'il vous faut aussi examiner dans vos promenades à travers champs.

Souvent les fleurs sont isolées, une à une, au milieu des feuilles (*violette, rose, pervenche, tulipe, renoncule*). Mais souvent aussi les fleurs sont groupées : en forme de grappe (*vigne, groseiller, épine-vinette*), en forme de bouquet (*prunier, cerisier*), en forme de parasol (*fenouil, carotte...*), en forme d'épi (*froment, seigle, orge...*) Il est impossible de citer toutes les dispositions qu'on rencontre dans le groupement des fleurs et auxquelles les botanistes ont donné des noms particuliers, que vous pourrez étudier plus tard, s'il vous est donné de continuer vos études au delà de l'école primaire.

Il arrive même qu'un grand nombre de fleurs sont

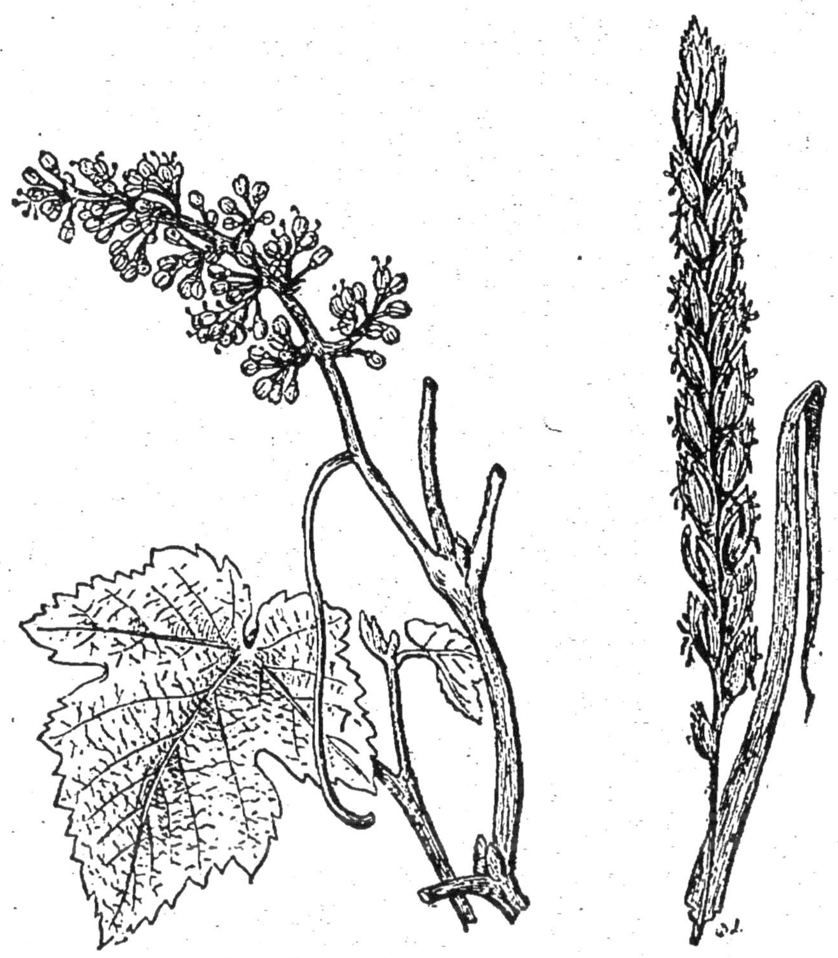

Branche de vigne portant une grappe en fleurs.   Épi de froment en fleurs.

réunies de façon à ce qu'elles semblent n'en former qu'une seule. C'est ce que vous pouvez observer dans ce *bluet*, dans ce *pissenlit*, dans ce *salsifis*, dans cet *artichaut*. Nous reviendrons sur ce point.

Fécondation. — La fleur est l'organe de la reproduction de la plante, car c'est la fleur qui produit la graine. Mais toutes les parties de la fleur n'ont pas une égale importance dans cette fonction de reproduction : seuls les *grains* *de pollen*, portés par les anthères, et les *ovules*, contenus dans les ovaires, sont indispensables.

Lorsque la fleur est entièrement épanouie a lieu la *fécondation*, sans laquelle la transformation des ovules en graines ne se produirait pas. L'anthère s'ouvre, le pollen s'en échappe et vient se coller sur le stigmate.

Ce pollen alors se gonfle, s'allonge de manière à envoyer dans le style un ou plusieurs boyaux allongés, qui descendent jusque dans l'ovaire et pénètrent même dans les ovules. *Ce contact du pollen avec les ovules est ce qu'on nomme la fécondation.*

Dans les fleurs complètes la fécondation a lieu aisément, puisque les étamines touchent les pistils. Il n'en est pas ainsi dans les fleurs incomplètes, surtout lorsque les fleurs mâles et les fleurs femelles sont sur des pieds différents : dans ce cas le concours du vent et celui des insectes qui butinent est nécessaire pour transporter le pollen sur les pistils.

Les usages des fleurs. — Peu de fleurs sont employées dans l'alimentation. L'*artichaut* n'est cependant pas autre chose qu'une fleur, ou plutôt un ensemble de fleurs non encore épanouies.

Au contraire, les fleurs usitées en médecine sont nombreuses. Vous connaissez les usages de la *camomille*, de l'*arnica*, de la *mauve*, du *bouillon blanc*, du *tilleul*, de la *violette*.

Des fleurs de la *rose*, du *géranium*, du *réséda*, du *jasmin*, de l'*héliotrope*... on extrait des parfums délicieux. Les fleurs de *safran* et de *carthame* sont employées dans la teinture.

Observations. — Dans les saisons du printemps et de l'été, l'instituteur devra profiter des promenades scolaires pour donner à ses élèves des notions pratiques de botanique ; il leur fera remarquer et étudier les développements successifs de la plante, et de chacun de ses organes. Lorsqu'il le pourra, il réservera une partie du jardin de l'école à la culture des plantes qui devront servir à son enseignement. — Le matériel d'herborisation est de peu d'importance; il consiste en une boîte de fer-blanc destinée à renfermer les plantes récoltées, et en une petite pelle à manche court pour creuser la terre; il serait bon que quelques élèves au moins, désignés parmi les meilleurs, en fussent pourvus. — On apprendra aux enfants à sécher les plantes et à les conserver dans des herbiers. Il faudra les intéresser à ce travail par quelques petites récompenses.

VII. — LES FRUITS ET LES GRAINES.

La production du fruit. — Lorsque la fécondation s'est opérée, la fleur ne tarde pas à se flétrir. Le plus souvent toutes les parties accessoires de la fleur, calice, corolle,

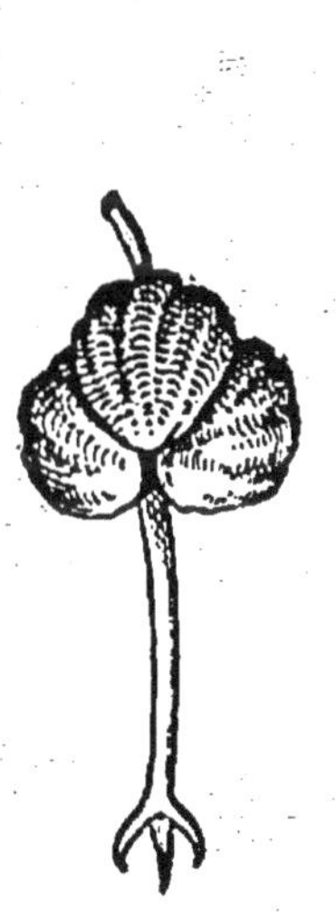

Pistil et fruit de la capucine, montrant que le fruit n'est autre chose que le développement de l'ovaire.

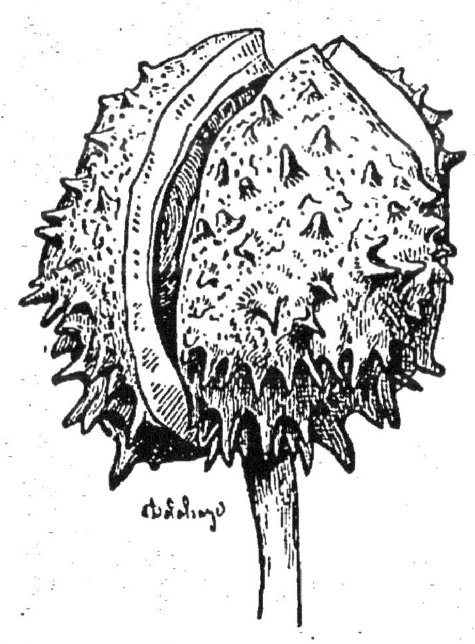

Fruit du marronnier, s'ouvrant pour laisser sortir la graine, c'est-à-dire le marron.

étamines se dessèchent et tombent ; il en est de même de cette partie du pistil qui comprend le style et le stigmate. L'ovaire, au contraire, prend un développement considérable et constitue le *fruit ;* en même temps, les ovules renfermés dans l'ovaire grossissent pour former les *graines.*

Nous pouvons dire, par conséquent, que *le fruit provient du développement de l'ovaire, et que les graines proviennent du développement des ovules.* C'est au moins ce qui a lieu le plus souvent.

Le péricarpe. — Le *péricarpe* est la portion du fruit qui provient du développement de l'ovaire ; c'est ce qui entoure les graines.

Dans la *cerise,* le péricarpe est formé par le noyau, par la chair qui se mange et par la peau. La graine est au centre du noyau.

Dans la *pomme,* les graines, au nombre de plusieurs, sont au centre ; vous les appelez les pépins. Tout le reste de la pomme constitue le péricarpe.

Vous savez quel énorme développement prend le péricarpe dans la *citrouille.*

Dans le *haricot,* la graine est constituée par les grains du haricot, et le péricarpe par la gousse qui les entoure.

Tantôt le péricarpe est charnu, comme dans la *prune,* la *cerise,* la *pêche,* la *groseille,* le *raisin,* le *melon…* ; tantôt il est sec, comme dans le *pissenlit,* le *sarrasin,* le *froment,* l'*orme,* la *pivoine,* la *fève,* le *haricot,* le *chou,* le *cresson,* le *pavot…*

La graine. — La *graine* est la partie la plus importante du fruit, puisque son développement doit donner naissance au végétal. Voyons donc de quoi se compose la graine.

Prenez chacun un haricot, enlevez-en délicatement la peau, et séparez l'une de l'autre les deux parties dont il est formé. Ne voyez-vous pas, sur l'une de ces parties, une véritable petite plante, possédant des feuilles *m,* une petite tige *n,* et une petite racine *p.* C'est là le *germe* de la plante futurc. Dans toute graine, il y a ainsi un germe, dans lequel on reconnaît l'existence des premières feuilles, de la tige et de la racine.

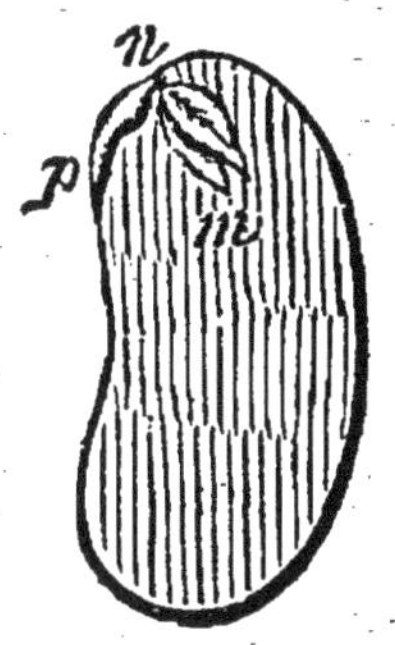

Ce germe, placé dans des conditions convenables, subira la *germination*, c'est-à-dire qu'il donnera naissance à la plante[1]. Mais, au début de la germination, la petite racine et les petites feuilles ne sont pas encore en état de puiser dans le sol et dans l'air la nourriture nécessaire à la vie et à l'accroissement de la jeune plante. Aussi, pendant toute la durée de la germination, la nourriture est-elle fournie par la substance même de la graine.

Coupe du haricot, montrant à l'intérieur la petite plante.

Cette provision de substances nutritives, destinée à assurer pendant la première époque de son existence la subsistance de la jeune plante, est souvent renfermée dans une ou deux parties renflées, qui entourent le germe, et qu'on nomme les *cotylédons*. Regardez les deux gros cotylédons de votre haricot.

Ce n'est pas tout : il y a souvent à côté du germe, outre les cotylédons, une autre provision de matière nutritive, nommée *albumen*, analogue au blanc d'œuf qui doit aider au développement intérieur du petit oiseau. Dans le *haricot*, où les cotylédons sont très gros, il n'y a pas d'albumen,

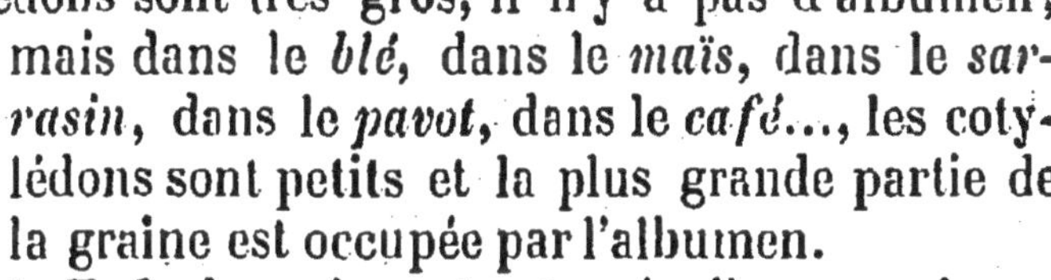

mais dans le *blé*, dans le *maïs*, dans le *sarrasin*, dans le *pavot*, dans le *café*..., les cotylédons sont petits et la plus grande partie de la graine est occupée par l'albumen.

Enfin la graine est entourée d'une enveloppe ou peau qui la protège; vous voyez aisément cette peau dans le *haricot*. Il y a souvent, autour de la graine, outre la peau, des parties accessoires qui la protègent davantage, ou permettent au vent de la transporter au loin. C'est ainsi que la graine du *cotonnier* est en-

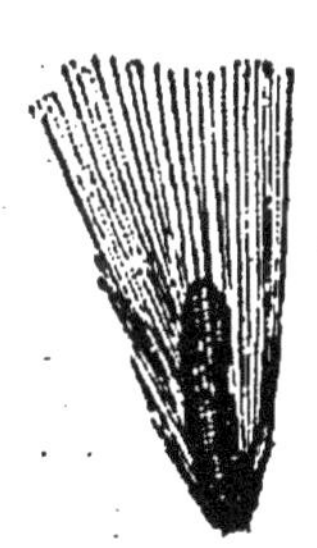

La graine du saule, avec sesfilaments.

______

1. Voir la leçon XXXVII du *Cours élémentaire*, page 103.

tourée de poils blancs avec lesquels on fait le coton; la graine du *saule* possède des filaments.

Usages des fruits et des graines. — Nous faisons servir à notre alimentation le *péricarpe* d'un grand nombre de fruits : *pommes, poires, raisins, oranges, nèfles, cerises, prunes, fraises, melons, citrouilles…* ; il est impossible de les citer tous.

Du reste, la culture a su, depuis de longues années, favoriser le développement du péricarpe de telle manière que les fruits des arbres cultivés soient beaucoup plus gros et beaucoup plus savoureux que ceux des arbres sauvages. Mais je ne puis vous entretenir ici des soins que les horticulteurs donnent à leurs arbres fruitiers; vous savez tous ce que c'est que la *taille des arbres* et la *greffe*.

Les *graines* de certaines autres plantes nous rendent encore de plus grands services. Je n'ai qu'à vous citer le *blé*, avec lequel on fait le pain, le *seigle*, l'*orge*, l'*avoine*, le *maïs*, le *riz*, les *haricots*, les *pois*, les *fèves*, le *café*, le *cacao*, avec lequel on fait le chocolat…

Et ce n'est pas tout. Avec le *raisin* on fait le vin, l'alcool, le vinaigre; avec la *pomme* on fait le cidre; avec l'*orge* et le *houblon* on fait la bière; de l'*olive*, de la *noix*, du *lin*, du *colza…* on retire de l'*huile*. Nous avons donné quelques développements sur ces divers sujets dans le *Cours élémentaire*.

<hr>

VIII. — CLASSIFICATION DES PLANTES.

Nécessité de la classification des plantes. — Les espèces différentes de plantes sont si nombreuses, qu'il est, pour ainsi dire, impossible de les compter. Pour qu'on puisse se reconnaître au milieu d'une pareille variété, il est indispensable de ranger les plantes par ordre, comme nous l'avons fait pour les animaux, de manière à rapprocher les unes des autres celles qui se ressemblent le plus : il faut, en un mot, *classer* les *végétaux*, comme on a classé les *animaux*.

Mais ici la classification est plus difficile. Les ressemblances et les différences que présentent entre elles les plantes sont loin d'être aussi faciles à observer que celles qu'on remarque chez les animaux. Aussi dirons-nous seulement quelques mots de cette classification.

Division des plantes en trois embranchements. — On divise les plantes en trois grandes catégories ou *embranchements*, en se fondant sur la disposition de la graine.

Toutes les plantes dont la graine possède deux *cotylédons* constituent le premier embranchement, l'embranchement des *plantes dicotylédones*.

Toutes celles dont la graine possède seulement un *cotylédon* constituent l'embranchement des plantes *monocotylédones*.

Toutes celles enfin qui n'ont pas de cotylédon du tout sont rangées dans l'embranchement des *plantes acotylédones*, c'est-à-dire sans cotylédon.

Plantes dicotylédones. — Les plantes *dicotylédones* sont celles dont nous avons surtout parlé dans les paragraphes qui précèdent.

Leur graine renferme toujours deux cotylédons, entourant le germe. Quand elles sont développées, les plantes dicotylédones possèdent des racines qui s'enfoncent en terre, et une tige dans laquelle on trouve la *moelle*, le *bois* et l'*écorce*. L'accroissement en grosseur de la tige des dicotylédones se fait entre le bois et l'écorce par couches superposées.

Les feuilles de ces plantes ont généralement des *nervures ramifiées* analogues à celles que vous observez dans cette feuille de tilleul. Les fleurs sont quelquefois incomplètes, mais elles sont toujours distinctes, faciles à observer.

Quant à la dimension et à la durée de ces plantes, elles

sont très variables : on y trouve des plantes annuelles et d'autres qui vivent des milliers d'années, de simples herbes et des arbres immenses.

Plantes monocotylédones. — Les plantes *monocotylédones* sont celles dont la graine renferme seulement un cotylédon. La tige est généralement cylindrique, c'est-à-dire presque aussi grosse en haut qu'en bas : on n'y reconnaît ni couches successives, ni moelle, ni écorce. (*Voir*, page 146, la tige du dattier.)

Les feuilles des monocotylédones sont généralement simples ; elles n'ont point de nervures ramifiées.

Vous voyez que l'apparence générale de ces plantes diffère sensiblement de l'apparence générale des dicotylédones.

Plantes acotylédones. — L'embranchement des plantes *acotylédones* renferme un nombre immense de végétaux de toutes dimensions. Les uns sont si petits, qu'on ne peut les voir à l'œil nu, et si simples, qu'ils se réduisent à une seule *cellule* ; tandis que les autres sont aussi complexes que les végétaux des deux autres embranchements.

Ce qui distingue surtout les acotylédones, c'est qu'ils n'ont pas de fleurs. Leur reproduction se fait d'une manière qui varie d'une plante à l'autre, mais jamais par des graines venant de fleurs.

Nous allons indiquer seulement quelques-unes des plantes comprises dans chacun de ces trois embranchements.

———•◊•———

IX. — LES PLANTES DICOTYLÉDONES.

Division des plantes dicotylédones en familles. — De même que nous avons divisé les animaux vertébrés en cinq classes, comprenant les mammifères, les oiseaux, les reptiles, les batraciens et les poissons, de même on divise les plantes, dans chaque embranchement, en groupes constitués par celles qui se ressemblent le plus entre elles.

Pour établir ce groupement, on ne s'occupe pas de la taille des plantes; on rapproche très bien une herbe d'un grand arbre, de même qu'on rapproche l'éléphant de la musaraigne, pourvu que cet arbre et cette herbe présentent de grandes ressemblances dans leurs organes principaux, et particulièrement dans leurs fleurs et dans leurs fruits.

Nous ne pouvons énumérer toutes les familles des plantes, elles sont beaucoup trop nombreuses. Nous en choisirons seulement quelques-unes, pour montrer quelles ressemblances existent entre les différentes plantes qui les constituent.

Cette étude superficielle vous montrera que la division des plantes en *familles* est basée principalement sur les caractères tirés de la fleur, c'est-à-dire sur la disposition relative des fleurs les unes par rapport aux autres, sur la forme, le nombre et le mode de groupement des différents organes qui la constituent, calice, corolle, étamines et pistils.

Famille des composées. — Cette famille comprend un nombre énorme de plantes herbacées, d'arbustes et même d'arbrisseaux.

On reconnaît ces plantes au caractère suivant : les fleurs sont groupées en grand nombre sur un plateau entouré de petites feuilles colorées semblables à des pétales; cet ensemble de plusieurs fleurs porte le nom de *fleur composée*, et sert à caractériser cette famille.

Regardez ce *pissenlit*. Ce que vous nommez une fleur est, en réalité, un ensemble de beaucoup de fleurs très petites. Prenez-en une, au centre, vous y reconnaîtrez, en regardant bien, un calice formé par un assemblage de petits poils, une corolle irrégulière, des étamines et un pistil.

Voici maintenant le pissenlit après la fécondation. Chaque fleur a produit un fruit piqué sur le plateau qui

1. Fleur composée du pissenlit (à côté on a représenté un bouton). — 2. Les fruits portés sur le plateau (au-dessous un fruit grossi).

La camomille.

portait les fleurs; une aigrette termine chaque fruit à sa partie supérieure.

Vous observerez une disposition analogue dans le *salsifis*, dans le *chardon*, dans le *bleuet*, dans le *souci*.

Beaucoup de *composées* ont des usages importants. L'*absinthe*, l'*aurone*, l'*estragon*, la *camomille*, l'*arnica*... sont employés en médecine.

On mange le plateau charnu de l'*artichaut*, la côte des feuilles du *cardon*, la racine des *salsifis* et des *scorsonères*, les feuilles de la *laitue*, les tubercules volumineux du *topinambour*.

Plusieurs espèces sont aussi employées dans l'industrie. De certaines graines de composées on retire de l'huile; les fleurs du *carthame* servent à la teinture en rouge.

Famille des labiées. -- La famille des *labiées* renferme des herbes et quelques arbustes. Les plantes de cette famille ont la tige carrée, les feuilles simples et opposées, les fleurs groupées à l'aisselle des feuilles. Le calice de ces fleurs est formé par cinq sépales soudés qui constituent un tube; la corolle est aussi tubuleuse, et présente deux lèvres; c'est à cette particularité que la famille doit son nom. Il y a quatre étamines et quatre pistils soudés en un seul. Le fruit est aussi composé de quatre parties soudées entre elles.

Vous pouvez reconnaître tous ces caractères sur ce pied de *lavande*, ou de *marjolaine*.

Beaucoup de labiées sont aromatiques ; aussi sont-elles employées comme médicaments, ou, dans la cuisine, comme condiments, ou enfin dans la parfumerie. Vous trouverez aisément, dans vos promenades, un grand nombre de labiées : la *sauge*, la *sariette*, l'*hysope*, l'*herbe aux chats*, la *lavande*, le *thym*, le *romarin*.

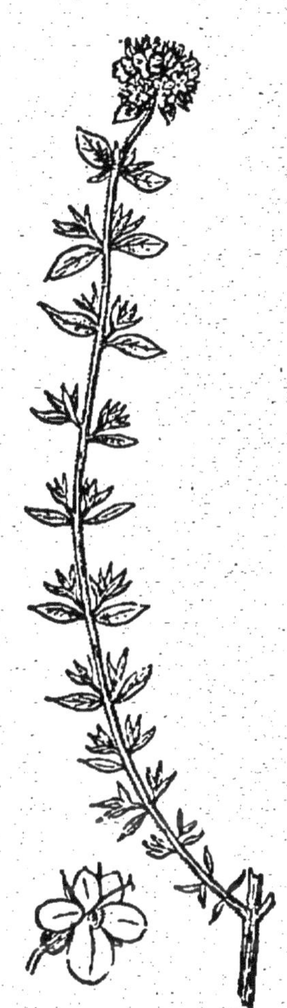

Le thym.—On a reproduit à côté une fleur grossie.

Famille des rosacées. — La famille des *rosacées*, ainsi nommée parce que les fleurs de ces plantes se rapprochent de la fleur de la *rose sauvage*, prise comme type, renferme des herbes, des arbrisseaux et des arbres. Les feuilles sont alternes, simples ou composées. Les fleurs sont grandes, éclatantes ; le calice est formé de quatre ou cinq sépales soudés, la corolle est composée de quatre à cinq pétales réguliers ; les étamines sont nombreuses. La forme du fruit est très variable.

Vous pouvez reconnaître ces caractères sur cette fleur de *poirier*, sur cette *rose sauvage*, sur cette fleur de *fraisier*.

Il me suffira de vous citer quelques-unes des plantes qui constituent l'importante famille des rosacées pour que

vous compreniez quels services elles nous rendent. On y
rencontre, en effet, le *cognassier*, le *poirier*, le *pommier*,

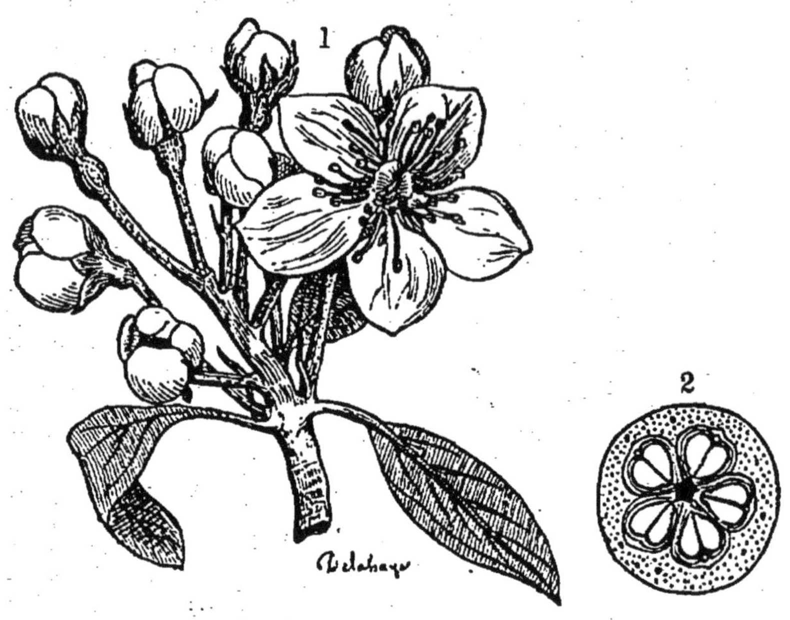

1. Un bouquet de fleurs de poirier. — 2. Coupe d'une poire montrant
le péricarpe et les graines.

le *sorbier*, le *néflier*, le *rosier*, la *pimprenelle*, le *framboi-
sier*, la *ronce*, le *fraisier*, l'*amandier*, le *pêcher*, l'*abrico-
tier*, le *prunier*, le *cerisier*, le *laurier-cerise*.

Apprenez à bien distinguer toutes ces plantes les unes
des autres.

Famille des légumineuses. — La famille des *légumineuses*,
ainsi appelée parce que la plupart des plantes qui la constituent servent de légumes à l'homme ou de fourrage aux
bestiaux, renferme des herbes, des arbrisseaux et des
arbres. Les feuilles sont alternes, généralement composées. Les fleurs sont ordinairement irrégulières. Le fruit
est généralement une gousse analogue à celle des haricots.

La famille des légumineuses rend encore plus de services
à l'homme que celle des rosacées ; car les graines farineuses

de certaines espèces sont très nourrissantes, et la partie herbacée de certaines autres constitue un fourrage précieux pour les animaux domestiques ; c'est de ces dernières plantes que sont formées nos *prairies artificielles*. Enfin,

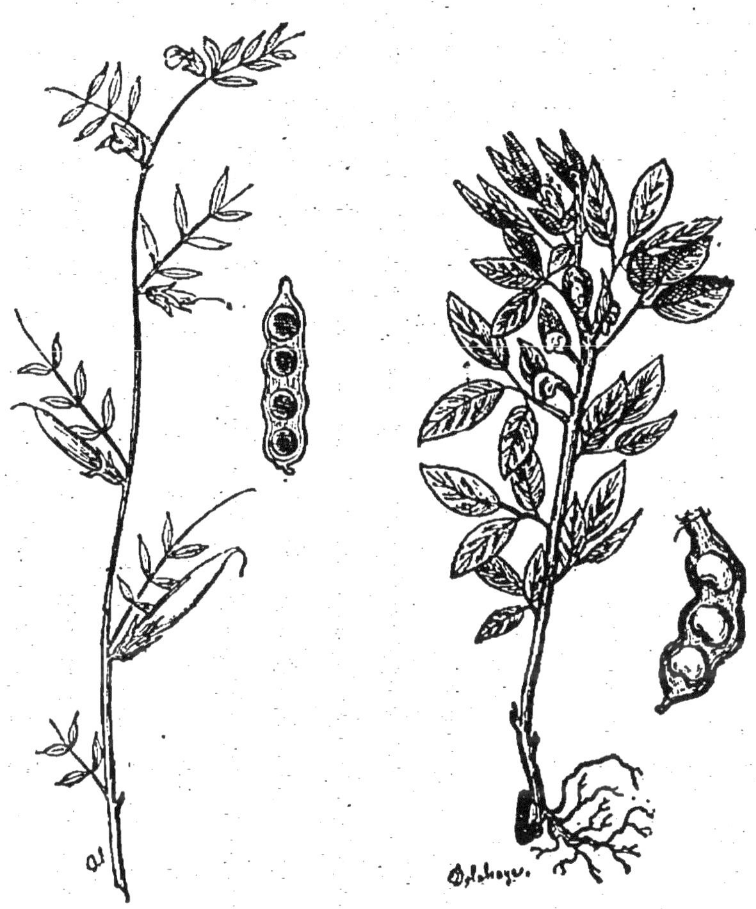

Pied de lentille en fleurs.   Pied de fève en fleurs.

A côté une gousse entr'ouverte, montrant les graines à l'intérieur.

la famille des légumineuses fournit, plus qu'aucune autre, des substances utiles à la médecine et à l'industrie. Elle renferme aussi quelques plantes nuisibles.

Je citerai seulement quelques-unes des espèces qu'on rencontre en France :

Le *haricot*, la *fève*, le *pois*, le *pois chiche*, la *lentille*, nous donnent des graines farineuses alimentaires. Le *sainfoin* fournit un excellent fourrage; il en est de même de la *luzerne*, du *trèfle*.

De nombreuses légumineuses cultivées en Asie, en Afrique et en Amérique produisent des fourrages, des aliments pour l'homme, des matières médicinales, la gomme arabique, des vernis, des matières colorantes, des huiles et même des bois d'ébénisterie, comme le *palissandre*.

Famille des ombellifères. — La famille des *ombellifères*, qui doit son nom à la forme spéciale de ses fleurs, qui se développent en *ombelles*, ne renferme guère que des plantes herbacées. Dans cette famille, les feuilles sont alternes, généralement décomposées en un grand nombre de folioles. Les fleurs sont petites, blanches ou jaunes, groupées en forme de parasol; dans chaque fleur, le calice a cinq divisions; il y a cinq pétales, cinq étamines, et deux pistils.

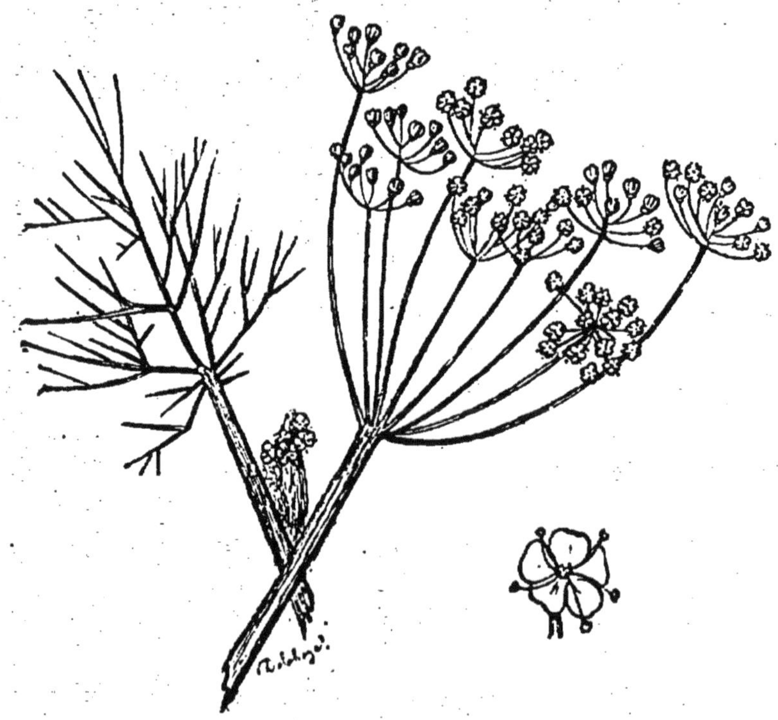

Fenouil en fleurs. — A côté, une fleur grossie.

Vous pouvez examiner ces caractères sur la plante et les fleurs du *cerfeuil*, du *fenouil*, de la *carotte*.

Parmi les ombellifères, certaines espèces sont alimentaires, d'autres médicinales, d'autres vénéneuses.

La *ciguë* est très vénéneuse, le *céleri*, le *persil*, le *panais*, la *carotte*, le *cerfeuil*, sont alimentaires. Le *fenouil* et quelques autres espèces sont employés en médecine.

Famille des conifères. — Les *conifères*, qui tirent leur nom de la forme de leur fruit, constituent un groupe très nombreux de végétaux, connus généralement sous le nom d'*arbres verts* ou *résineux*. Ils ressemblent presque tous au *pin* et au *sapin*. Leurs feuilles persistent pendant l'hiver et sont toujours fort étroites. Les fleurs des conifères sont incomplètes; les fleurs femelles sont réunies en épis qui se transforment en un fruit complexe nommé *cône*.

Vous connaissez très bien un certain nombre de coni-

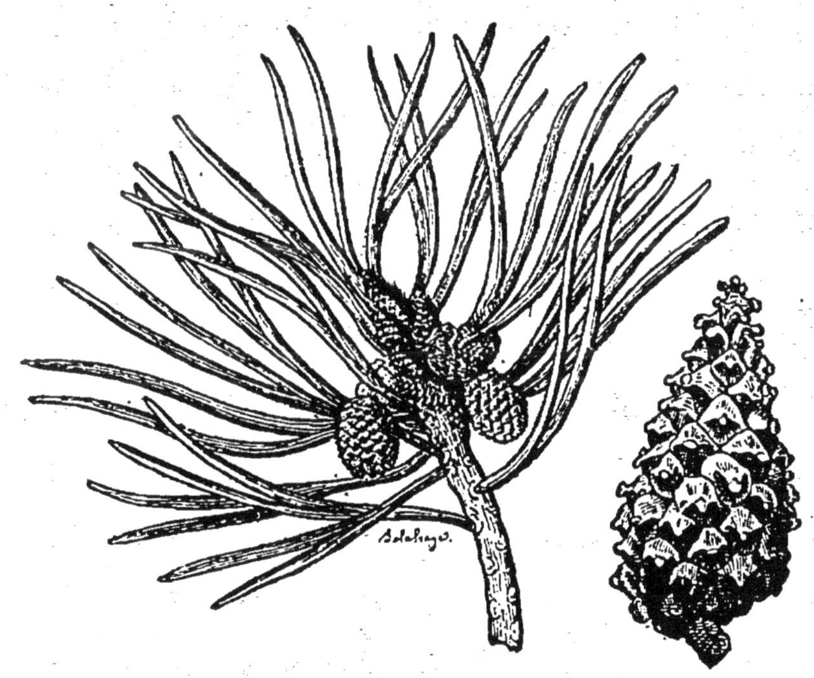

Une branche de pin sylvestre, montrant les feuilles.   Cône de pin.

fères. Beaucoup sont des arbres de grande taille; les *séquoias* de la Californie sont les plus grands arbres connus.

Les services que nous rendent les conifères, dont les forêts couvrent d'immenses étendues, sont importants. Du tronc des *pins*, des *sapins*, des *mélèzes*, on retire la *résine*, de laquelle on extrait l'essence de térébenthine, la poix, le goudron, le noir de fumée.

Les bois de construction et de charpente fournis par ces arbres sont légers et tendres, mais ils se conservent longtemps sans altération.

Avec les fruits du *genévrier* on aromatise l'alcool, de façon à former le gin; le *cyprès* donne un bon bois de construction, de même que l'*if*.

X. — LES PLANTES MONOCOTYLÉDONES.

Famille des liliacées. — Les *plantes monocotylédones* constituent beaucoup moins de familles que les plantes dicotylédones. Je vous en citerai seulement deux.

Les *liliacées*, qui tirent leur nom du *lis*, choisi pour type de cette famille, présenter t tous les caractères généraux qui distinguent les monocotylédones. Ce sont des herbes à racine ordinairement bulbeuse, c'est-à-dire renflée; leurs feuilles sont allongées et sans queue. Les fleurs sont isolées ou réunies en épis ou en grappes; le calice et la corolle sont soudés l'un à l'autre, de façon à former une enveloppe unique, ressemblant à une corolle qui aurait six pétales; les étamines sont aussi au nombre de six; le pistil renferme trois ovaires, mais un seul style qui se termine par un stigmate divisé en trois parties.

Je vous montre ici une *jacinthe* en fleurs, sur laquelle vous observerez toutes les particularités que je viens de vous indiquer.

Les liliacées ne nous sont pas d'une grande utilité, mais

elles sont souvent remarquables par la beauté de leurs fleurs. Vous connaissez le *lis*, la *tulipe*, la *jacinthe*, la *tubéreuse*.

Cependant quelques espèces sont employées en médecine et quelques autres sont alimentaires, comme l'*ail*, l'*oignon*, l'*échalotte*, le *poireau*.

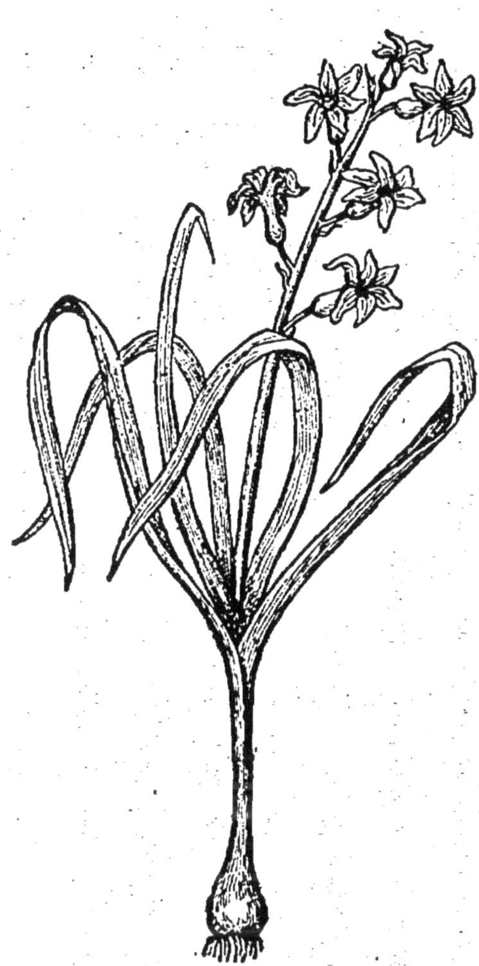

Pied de jacinthe en fleurs.

Famille des graminées. — Les *graminées*, qui empruntent leur nom au mot latin qui désignait les herbes, sont des plantes herbacées vivant une ou plusieurs années. Elles sont remarquables par leur tige creuse et noueuse, que l'on nomme *chaume*. Les feuilles sont alternes; elles forment une gaine qui embrasse la tige.

Les fleurs des graminées sont groupées souvent en épis. Chacune de ces fleurs est garantie par deux petites feuilles durcies appelées *balles* ou *glumelles*; à l'intérieur de ces deux *balles* sont deux ou trois petites écailles, puis les étamines, généralement au nombre de trois, enfin un ovaire surmonté de deux ou trois styles. Les fruits sont des grains secs rassemblés en assez grand nombre, garantis par les balles; dans chacun est un germe et une assez grande provision d'albumen.

Observez tous ces caractères dans le *blé* ou dans l'*avoine*, d'abord quand ils sont en fleurs, et plus tard lorsque la moisson se fait.

Certaines graminées, telles que le *maïs*, ont des fleurs mâles groupées au sommet du pied, et plus bas, des fleurs femelles.

Les graminées forment une des plus importantes familles végétales. C'est principalement à leurs nombreuses espèces qu'on donne vulgairement le nom d'*herbe;* mais dans les pays chauds on trouve des graminées de haute taille, et même de véritables arbres, comme les *bambous*. On rencontre des graminées dans toutes les parties du globe; ce sont les plantes les plus utiles à l'homme : elles forment la base de notre alimentation.

C'est, en effet, parmi les graminées que se trouvent les *céréales*, avec la farine desquelles on fait le pain : *froment, seigle, orge, avoine, riz (cultivé en Asie), maïs.*

La *canne à sucre*, avec le jus de laquelle on fabrique le sucre et le rhum, est une graminée qu'on cultive dans les pays chauds.

Flouve.   Amourette tremblante.   Ray-grass.

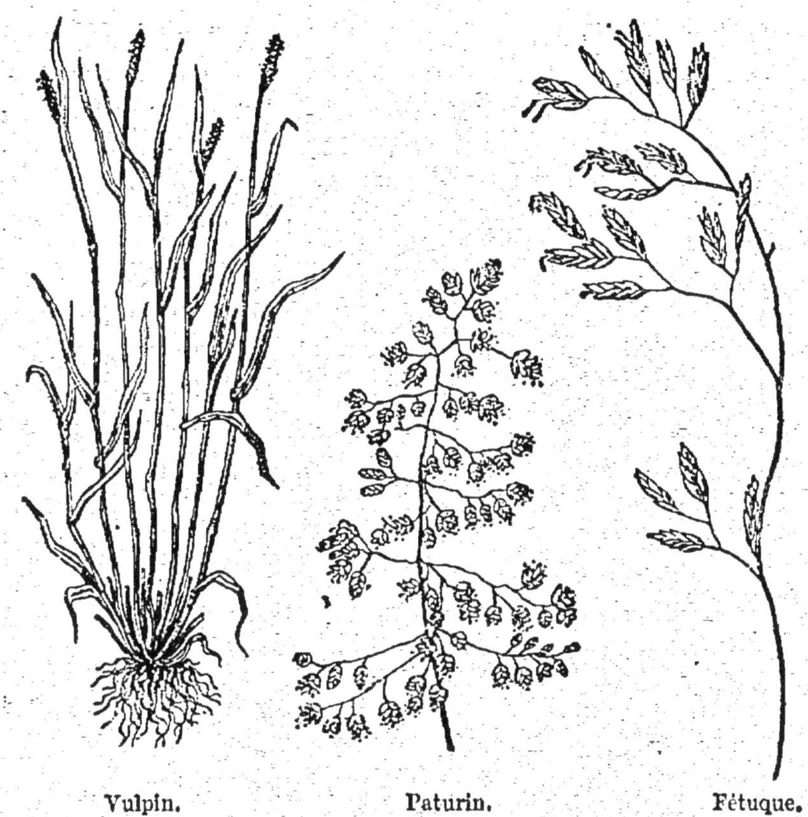

Quelques graminées sont utilisées en médecine ; le *chien-dent* et la *canne de Provence* sont des graminées.

La plupart des graminées qui poussent en France fournissent aux troupeaux une pâture salubre, et deviennent par la dessiccation un très bon foin. Il faut éviter cependant les espèces armées d'arêtes qui peuvent blesser les animaux, et celles qui sont purgatives ou vénéneuses, comme l'*ivraie*. Les graminées les plus estimées pour constituer l'herbe de nos *prairies naturelles* sont la *flouve*, la *phléole*, l'*amourette tremblante*, le *ray-grass*, le *vulpin*, le *paturin*, la *fétuque*.

Plusieurs sortes de graminées nous sont encore utiles sous le rapport industriel. Tels sont le *sparte*, dont les chaumes servent à la confection des chapeaux et des nattes fines, et le *bambou*, qui fournit les ressources les plus variées aux habitants des pays chauds.

XI. — LES PLANTES ACOTYLÉDONES.

Famille des fougères. — Les *fougères* sont les plus grandes des *plantes acotylédones*.

Elles atteignent sous les tropiques jusqu'à **20** mètres de hauteur. Les feuilles des fougères ont ordinairement la queue courte et une forme très complexe.

Dans ces plantes vous ne voyez jamais de fleurs. Sous les feuilles naissent des excroissances dans lesquelles sont contenus les organes de la reproduction, corpuscules très

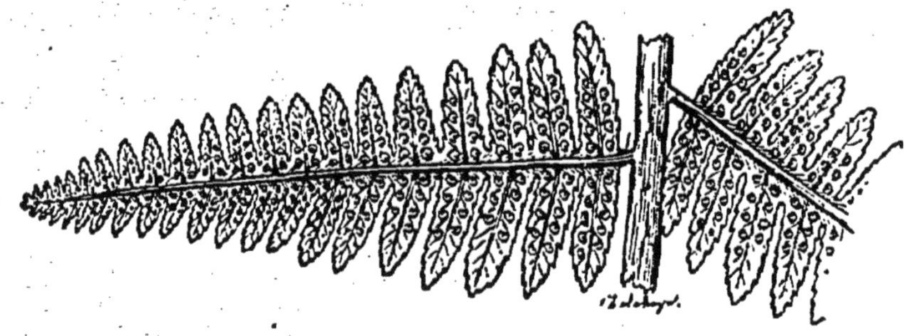

Un rameau de fougère, montrant, sous les feuilles, les excroissances dans lesquelles sont contenus les organes de la reproduction.

petits nommés *spores*. A l'époque de la germination, les excroissances s'ouvrent, les spores en sortent, tombent sur la terre humide et se développent de façon à donner naissance à des plantes nouvelles.

Les fougères sont répandues sur toute la surface de la terre : on en connaît plus de 3 000 espèces différentes.

Les usages des fougères sont nombreux, mais peu importants. Quelques-unes sont employées en médecine, quelques autres servent d'aliments. Dans nos campagnes les plus pauvres on coupe les fougères pour en faire la litière des bœufs et des moutons.

La *prêle* ou *queue-de-cheval*, mauvaise herbe qui pousse

surtout dans les prés humides, est une plante acotylédone analogue aux fougères.

Famille des mousses. — Les *mousses* vivent, les unes sur terre, les autres dans l'eau. La longueur de leur tige est quelquefois très petite, d'autres fois de plusieurs pieds. La forme des feuilles est aussi très variable.

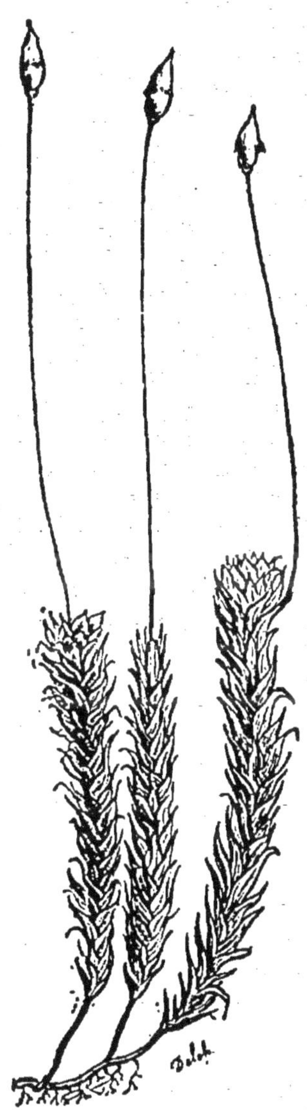

Mousse et ses organes de reproduction.

Les mousses ont pour organes de reproduction de véritables fleurs, mais dans lesquelles on ne reconnaît ni les étamines ni les pistils des plantes monocotylédones et dicotylédones.

On trouve des mousses partout. Elles tapissent de leur verdure le tronc des arbres, les rochers, les vieux murs et les toits de nos habitations : on les rencontre dans tous les endroits où il y a de l'humidité.

Elles ont une grande importance dans la nature. Elles conservent, comme le feraient des éponges, l'humidité à la surface du sol et l'empêchent de disparaître trop rapidement dans l'intérieur du sol et de couler le long des pentes. De plus, elles enrichissent de leurs débris les terres très sablonneuses sur lesquelles elles poussent et finissent par former, par la destruction et le renouvellement de leurs générations, une couche de terre favorable aux travaux de l'agriculteur.

Les *lichens*, excroissances en formes de feuilles qui se développent sur le sol, sur l'écorce des arbres, sur les rochers, sur les toits, sont aussi des plantes acotylédones, déjà beaucoup plus simples que les mousses et les fougères. Elles jouent le même rôle dans la nature. Quelques lichens sont broutés par les animaux domestiques des régions polaires; d'autres sont employés en médecine, d'autres servent en teinture.

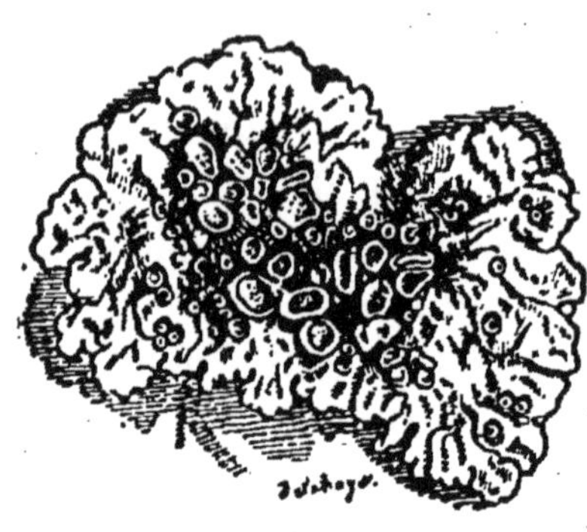

Lichen des tilleuls.

Les *algues*, qui vivent dans les eaux douces ou salées, et sur la terre humide, sont connues surtout de ceux d'entre vous qui vivent sur le bord de la mer ou l'ont visité. En Bretagne, les algues sont appelées *varechs* ou *goémons* : elles constituent un excellent engrais.

Famille des champignons. — La famille des *champignons* renferme un nombre considérable de végétaux, dont les uns ont une grosseur assez considérable, tandis que d'autres sont invisibles à l'œil.

Les plus gros champignons, ceux que vous connaissez le mieux, sont, en partie, comestibles. Mais, comme beaucoup d'entre eux sont vénéneux, on ne doit les consommer qu'avec une grande circonspection. Le *cèpe*, le *champignon de couche*, le *mousseron*, l'*oronge vraie*, la *morille*... sont comestibles; la *fausse oronge*, l'*amanite*, le *bolet pernicieux*... sont vénéneux.

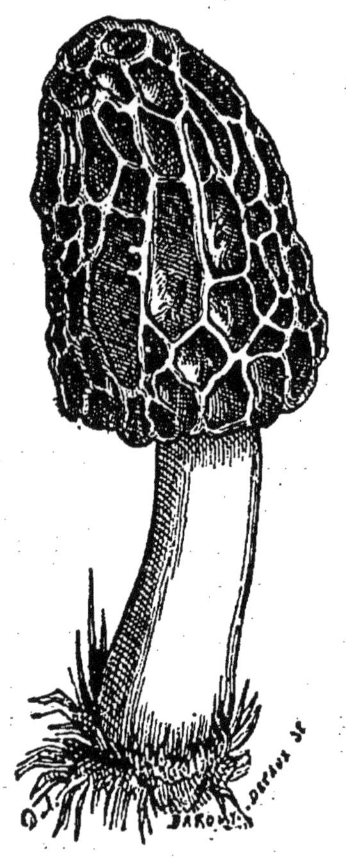

Morille.
champignon domestique.

Les champignons plus petits ont un rôle essentiellement destructeur. Ils se développent partout où il y a une matière animale ou végétale à détruire, à décomposer, à faire pourrir. Ils agissent donc de la même manière que les zoophytes inférieurs dont je vous ai parlé à la fin du chapitre X des *Animaux*. Ainsi la cause de la fermentation du vin, de la bière, du levain, est le développement d'un champignon très petit. L'*ergot* du seigle que vous voyez ici est un champignon ; la maladie de la vigne connue sous le nom d'*oïdium* est due à un champignon ; la maladie de la pomme de terre est due à un autre champignon. Les *moisissures* qui apparaissent sur un grand nombre de matières animales et végétales sont des champignons.

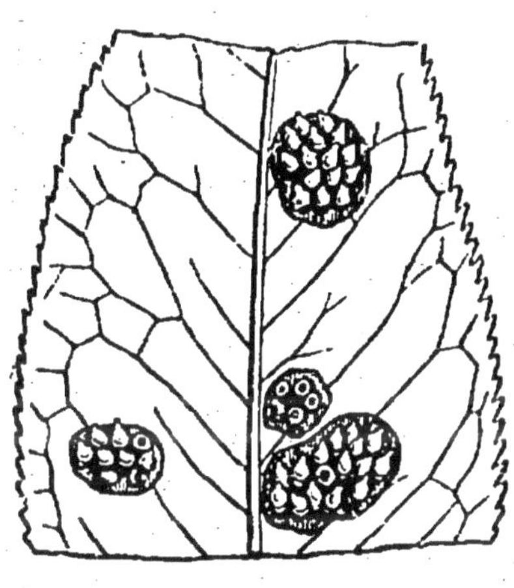

Champignon qui se développe sur la face inférieure des feuilles du poirier.

Beaucoup de champignons vivent en *parasites* sur l'homme et sur les animaux. Beaucoup sont capables de déterminer des maladies graves, qui sont épidémiques ; car les semences des champignons peuvent aller des personnes malades aux personnes qui ne le sont pas.

Vous voyez que les végétaux les plus gros ne sont pas ceux qui jouent le rôle le plus important dans la nature.

N'allez pas croire, au moins, que les champignons qui déterminent les fermentations, les altérations, les putréfactions, les moisissures, les maladies... se développent d'eux-mêmes sur les substances animales et végétales. Il n'en est rien. Ils se produisent parce que leurs germes, si petits, qu'ils sont toujours en suspension dans l'air en apparence le plus pur, tombent sur tous les corps et se développent quand ils rencontrent des circonstances favorables.

TABLE DES MATIÈRES.

Livres scolaires pour le Cours Moyen.

Grammaire pratique des Écoles, avec des exercices gradués d'application, d'intelligence et d'invention sur chaque règle, par *M. B. Subercaze,* inspecteur de l'instruction primaire à Paris : 9e édition ; 1 vol. in-12,
cart. 1 f.

Exercices de Mémoire et de Style, Recueil de morceaux choisis des meilleurs poètes et prosateurs français, à la portée de la jeunesse, avec notes explicatives, par *M. G. Beleze,* chef d'institution de Paris : 50e édition ; 1 vol. in-18,
cart. 1 f. 50 c.

Morceaux choisis des Prosateurs et Poètes français, à l'usage des cours élémentaires, avec notes explicatives par *M. Léon Feugère,* professeur du lycée Henri IV : 40e édition ; 1 vol. in-18,
cart. 1 f. 50 c.

Histoire de France (l') mise à la portée de la jeunesse, avec questionnaires, par *M. G. Beleze,* chef d'institution à Paris : 58e édition, continuée jusqu'à ce jour ; in-18, avec carte,
cart. 1 f. 50 c.

Histoire de France, Cours moyen et supérieur, à l'usage des écoles primaires, par *M. B. Subercaze,* inspecteur de l'instruction primaire (Encyclopédie primaire) ; 1 vol. in-12, *avec six cartes historiques dans le texte,*
cart. 2 f.

Cours d'Histoire de France, depuis les origines jusqu'à nos jours, par *M. A. Choublier,* professeur d'histoire au lycée Condorcet : 8e édition ; 1 fort vol. in-12,
cart. 4 f.

Géographie de la France et de ses Colonies, physique, historique, politique et administrative, par *M. L. Sanis,* professeur spécial de géographie des collèges de Paris : 6e édition, revue et augmentée ; 1 fort vol. in-12,
cart. 2 fr. 50 c.

Notions élémentaires de Droit usuel, rédigées conformément aux programmes de l'enseignement primaire par *M. Chassaing,* licencié en droit, rédacteur au ministère de l'instruction publique ; 1 vol. in-12,
cart. 2 f. 50 c. — *rel. toile,* 3 f.

Éléments d'Arithmétique, accompagnés de nombreux problèmes donnés dans les examens, par *M. J. B. V. Reynaud,* professeur de mathématiques du lycée et de l'école normale primaire de Toulouse ; 1 fort vol. in-12,
cart. 3 f.

Éléments de Géométrie pratique et de Perspective, à l'usage des écoles, par *M. Alboise du Pujol;* 2e édition ; 1 vol. in-18, *avec gravures,*
cart. 1 f. 25 c.

Principes de Dessin d'imitation, théorie et modèles d'application, par *M. A. Le Béalle;* 1 vol. grand in-8°, avec 36 planches de modèles,
br. 3 f.

Principes de Dessin linéaire, théorie et modèles d'application, par *M. A. Le Béalle,* professeur de dessin à Paris ; 1 vol. grand in-8° en deux parties, avec 48 planches de modèles,
br. 3 f.

Leçons élémentaires d'Agriculture, par *M. A. Ysabeau,* agronome : 9e édition ; 1 vol. in-12,
cart. 2 f.

Leçons élémentaires d'Horticulture, par *M. A. Ysabeau :* 6e édition ; 1 vol. in-12,
cart. 1 f. 50 c.

Paris. — Imprimerie DELALAIN FRÈRES, rue de la Sorbonne, 1 et 3.